MANUEL D'AGRICULTURE PRATIQUE DES TROPIQUES

PAR

J.-V. VIGNERON-JOUSSELANDIER

Ancien propriétaire au Brésil

PARIS
NOUVELLE LIBRAIRIE AGRICOLE
J. LOUVIER,
25, QUAI DES GRANDS-AUGUSTINS.

1860

MANUEL D'AGRICULTURE PRATIQUE

VERSAILLES. — IMPRIMERIE CERF, RUE DU PLESSIS, 59.

MANUEL

D'AGRICULTURE PRATIQUE

DES TROPIQUES

PAR

J.-V. VIGNERON-JOUSSELANDIER

Ancien propriétaire au Brésil.

PARIS

NOUVELLE LIBRAIRIE AGRICOLE

J. LOUVIER,

25, QUAI DES GRANDS-AUGUSTINS.

1860

PRÉFACE

Je suis né le 23 août 1788; mon père, qui avait quelque fortune, était négociant et en même temps faisait valoir ses biens, de sorte que je puis dire que je suis né dans l'agriculture; les longs voyages que j'ai faits plus tard, tant en Europe qu'en Amérique, n'ont fait que me donner plus de goût pour la profession de mon père; car n'étant qu'un petit employé à la suite des armées, sans presque de protection, je n'avais pas grand penchant pour ma nouvelle profession, et toutes mes idées étaient à l'agriculture; aussi m'y suis-je appliqué de préférence, et alors je connus les bons auteurs allemands et anglais, car je connaissais déjà les français, que j'avais lus dans la bibliothèque de mon père, assez riche en ce genre.

Mon père mourut vers 1815, et sa fortune fut morcelée au moment où je me trouvais sans avenir. Je vendis mon patrimoine et passai au Brésil où le café se vendait 40 fr. les 14 kilogrammes, et les esclaves 600 fr. pièce. Les terres se donnaient plutôt qu'elles se vendaient, et l'empereur don Pédro Ier protégeait les étrangers. Je devins planteur, et pendant 38 ans j'ai exercé l'agriculture, de sorte que j'ai eu le temps de corriger les erreurs et les préjugés de mes devanciers.

A mon arrivée au Brésil, en 1819, le corps du *Petit manuel d'agriculture pratique* que j'offre aujourd'hui au public était écrit ; mais étant dans les idées européennes, je m'aperçus bientôt que j'étais dans l'erreur, et que les méthodes du vieux continent étaient impraticables en Amérique, surtout entre les tropiques, où le climat, la situation des lieux sont tout à fait différents.

A fur et à mesure que je faisais une nouvelle éducation agricole, je corrigeais mon livre d'après l'expérience, et je l'ai fait de telle manière, que je ne sais pas si maintenant il en reste le vingtième.

En 1857, me trouvant très-malade de la fièvre jaune et de la cholérine, je me décidai à le faire traduire en langue portugaise, et étant parti pour France, je ne sais pas ce que cette traduction est devenue. Depuis mon arrivée en France, ayant passé six mois dans ma chambre faite étuve, je me suis amusé à ajouter quelque chose sur la culture d'Europe à laquelle on pourrait ajouter beaucoup encore, quoique les agriculteurs y trouveront une foule d'idées neuves; mais le principal mérite de mon *Manuel* se trouve pour la culture de l'Algérie, qui est aussi un pays neuf et où l'on peut cultiver une grande quantité des plantes des tropiques.

Je me hasarde donc à faire imprimer ; en profitera qui pourra, mais chacun peut avoir la certitude qu'il ne trouvera rien de tel ailleurs, et que tout est de la plus stricte exactitude.

MANUEL PRATIQUE

DE

L'AGRICULTURE DES TROPIQUES

L'agriculture est l'art de faire croître et de produire les végétaux et les animaux qui servent aux besoins de l'homme civilisé.

Elle se divise en trois grandes branches principales :

1° Les connaissances nécessaires à l'agriculture ;

2° L'agriculture végétale ou qui traite des végétaux ;

3° L'agriculture animale ou le soin des bestiaux.

PREMIÈRE PARTIE

AGRICULTURE VÉGÉTALE

L'agriculture végétale se partage en quatre sections :

1° La connaissance des terrains cultivables;
2° L'amendement des terrains;
3° La manipulation;
4° La culture spéciale de chaque plante.

CHAPITRE PREMIER

CONNAISSANCES NÉCESSAIRES À L'AGRICULTEUR

ARTICLE PREMIER

NOTIONS PRÉLIMINAIRES

Avant d'entrer dans la connaissance des terrains cultivables, il est nécessaire d'avoir des notions générales sur les éléments propres à la nutrition des plantes, et sur la manière dont elles végètent.

Tous les végétaux ne peuvent puiser leurs éléments constitutifs que dans l'air, dans le sol, dans l'eau avec lesquels ils sont en contact, ainsi qu'avec les rayons solaires et les fluides impondérables.

Dans l'état actuel des sciences humaines, les chimistes de nos jours n'ont trouvé que trois éléments dans la composition de la plupart des végétaux, tout au plus quatre.

Savoir :

1° L'oxygène ou l'un des éléments de l'air; élément sans lequel il n'y a pas de combustion ou d'existence possible, soit des végétaux, soit des animaux ;

2° L'hydrogène ou l'un des éléments de l'eau, élément éminemment inflammable ;

3° Le carbone, ou principe du diamant, élément également combustible.

Dans certaines plantes, on a rencontré de l'azote, second élément de l'air, élément qui s'oppose à la combustion, à la végétation, et qui rapproche ces plantes des matières animales.

On a aussi trouvé quelques autres éléments, tels que du silicium, du calcium, de l'aluminium, du potassium, du sodium, etc. ; et il est probable qu'on en rencontrera encore d'autres dans les végétaux qui n'ont pas encore été analysés. Ces éléments sont en petite quantité; sans que l'on soit fixé sur le rôle qu'ils jouent dans l'acte de la végétation, les uns prétendent qu'on ne les rencontre qu'accidentellement, et d'autres, soupçonnant que les mêmes métaux se trouvent toujours dans les mêmes plantes, à peu près dans les mêmes proportions, pourront fort bien y figurer, comme par exemple, le fer dans le sang des animaux à sang chaud, et le calcium dans les os de ces mêmes animaux.

Il existe de plus, dans chaque plante-famille ou plantes analogues, une ou plusieurs substances particulières qui leur sont propres, telles que la quinine et la cinchonine dans les quinas (ou *cinchonas*), la morphine dans le pavot, la soude dans le varech, etc.

De nos jours, la science est encore dans l'enfance sur la majeure partie de ces substances qui jouent un si grand rôle dans les qualités malfaisantes ou bénignes des différents végétaux; mais ces substances propres ne paraissent être que le résultat de l'existence végétale, et ne sont pas essentielles à l'acte de la végétation. C'est au chimiste à s'en occuper, sous ce rapport, et non pas à l'agriculteur, à moins que ces substances ne soient le but de la culture des plantes, telles que les gommes, les huiles, etc.

Nous avons vu que la plupart des plantes n'étaient composées que de trois éléments, oxygène, hydrogène et carbone, tout au plus de quatre (azote); conséquemment tout l'art du cultivateur consiste à mettre les végétaux qu'il cultive dans les circonstances les plus favorables à ce qu'ils puissent s'assimiler abondamment ces éléments constitutifs.

L'expérience a démontré que l'oxygène pur, qui est constamment à l'état gazeux, produit sur les plantes une action tellement vive qu'il ne tarde pas à les faire périr.

L'hydrogène est dans le même cas, et quand il se trouve combiné seul avec le carbone ou bien avec le soufre, il tue tous les végétaux et les animaux.

Le carbone, que l'on considère comme pur dans le diamant, est tellement dur dans cet état de cristallisation, qu'il est impropre à la végétation; et dans son état gazeux ou de combinaison avec l'oxygène en excès, il empêche l'existence végétale ou animale.

L'azote dans son état gazeux est dans le même cas.

Ainsi donc, chaque élément constitutif des

plantes, dans son état de pureté, est nuisible ou inutile aux mêmes plantes; ce n'est que dans son état de combinaison avec les autres éléments dans de certaines proportions, comme dans l'air, ou dans l'eau, ou dans les composés de matières diverses, que chacun d'eux sert à la végétation.

Il faut aussi remarquer qu'il est une foule d'éléments, soit purs, soit dans leur état de combinaison, qui ne sont pas nuisibles à de certaines plantes, et même favorisent leur végétation, et qui font périr d'autres végétaux; ce n'est qu'à cela que l'on peut raisonnablement attribuer la difficulté que l'on éprouve à faire prospérer certaines plantes dans des terrains ou situations différents de ceux que la nature leur a assignés, abstraction faite de la température; sans compter l'antipathie que l'on remarque entre divers végétaux ou animaux.

On sait que la masse du globe terrestre est un composé d'éléments divers dont on ne connaît encore que cinquante et quelques; mais on en découvre chaque jour, il est probable que ce nombre est très-grand; car les éléments connus, n'étant que ceux découverts à la surface du globe ou à de très-petites profondeurs relativement à sa masse immense, on peut croire que les savants ne sont encore qu'au commencement du chemin des découvertes, et que les siècles futurs découvriront de nouveaux produits. Cependant, malgré ce grand nombre d'éléments, il n'y en a qu'un très-petit nombre qui soient propres à l'agriculture végétale.

Suivant l'état des éléments entre eux, deux à deux, trois à trois, quatre à quatre, et le degré actuel de la température de la surface du globe terrestre, car plus on parvient à de grandes profondeurs, plus la température augmente, les éléments ou leurs composés se trouvent à l'état solide, comme l'oxyde d'aluminium, ou l'alumine à l'état liquide, comme l'oxyde d'hydrogène, ou l'eau à l'état gazeux, comme l'oxyde d'azote ou l'air. C'est aussi dans ces trois états de combinaisons des éléments que les végétaux puisent les substances propres à leur nutrition; mais l'état qu'affecte dans la nature le grand nombre de ces combinaisons, les rend impropres à favoriser la végétation tels, par exemple, sont les granits, les pierres calcaires, les basaltes, etc., qui se trouvent en grandes masses compactes; car, lorsqu'ils se trouvent en morceaux divisés, comme les sables, ils sont encore utiles; d'où l'on peut conclure que tous les terrains de mines, de métaux des dernières sections (Thénard), par leur dureté et sécheresse, sont plus ou moins impropres à favoriser la végétation ; que ceux des autres sections, dont quelques-uns sont comme l'arsenic et le cuivre qui attaquent l'existence végétale ou animale, sont encore plus nuisibles, tandis que ceux composés des métaux de la première section, ou mieux de leurs oxydes, connus communément sous le nom de terres, par leur état de friabilité, laissent les racines des végétaux s'étendre pour puiser dans le sol les éléments qu'ils ne trouvent pas dans l'air.

Nous voilà naturellement rendus à la végétation des plantes. Le premier acte de la végétation est la germination ; on entend par germination l'acte par lequel les graines fécondes se développent et donnent naissance à un nouveau végétal (Decandole).

Pour que la germination ait lieu, il est nécessaire que la graine soit exposée à une certaine température, qu'elle soit en contact avec l'eau, le gaz oxygène, soustraite à l'action d'une trop vive chaleur, et de la lumière du soleil, peu importe d'ailleurs qu'elle soit enveloppée de terre ou à découvert.

La température la plus favorable à la végétation paraît être de 10 à 30 degrés (Réaumur). Le sol n'agit que par la chaleur, l'eau et l'air qu'il contient, puisque les graines germent aussi bien sur une éponge humide que dans le sein de la terre ; la chaleur agit comme stimulant, comme excitant les forces vitales ; l'oxygène de l'air prive la graine de sa surabondance de carbone, l'eau facilite l'action de l'oxygène (Thénard) et la formation de la matière nutritive ; d'où il résulte que les graines ne doivent être enfoncées en terre qu'assez pour les soustraire à la chaleur trop ardente des rayons solaires, et pas assez pour les priver de l'influence de l'oxygène de l'air : en conséquence, plus la terre est remuée et meuble, plus elle contient d'air, et plus aussi elle est propre à favoriser la germination et la végétation.

Une fois que la germination a eu lieu, que la plante est formée, elle continue à développer son radicule qui entre en terre, et sa tige tend à s'élever vers l'atmosphère, elle n'est encore nourrie que par ses cotylédons ; bientôt elle développe ses racines latérales, vrais suçoirs ou bouches, qui lui apportent les éléments propres à former la sève des racines, et sa tige s'élevant toujours, bientôt se développent dans l'atmosphère les feuilles qui lui apportent l'oxygène, l'acide carbonique, ainsi que la rosée, d'où se forme la sève des feuilles ; et quel que soit le lieu de la combinaison de ces deux sèves, montantes ou des racines, et descendantes ou des feuilles, le résultat est la nutrition et l'accroissement de la plante. On a même remarqué que lorsque la sève des racines domine, la plante pousse à bois, et que lorsque c'est au contraire la sève des feuilles, la plante charge à fruit. C'est sur ce principe qu'est fondée la taille des arbres fruitiers, devant couper des racines lorsque le végétal pousse trop vigoureusement à bois, et des branches lorsqu'il charge trop à fruit, afin de le forcer de pousser à bois.

L'on pourrait presque comparer les suçoirs de l'extrémité des racines des végétaux à la bouche des animaux mammifères, les feuilles à leurs poumons, les sèves montantes et descendantes au sang artériel et veineux ; d'ailleurs l'aspiration et l'expiration tant des feuilles des végétaux que des écorces est tout à fait identique à l'aspiration et à l'expiration des poumons et de la peau des animaux ; la seule nuance existe dans les battements du cœur qui ne sont pas aussi apparents chez les plantes, quoique la circulation soit la même. Il n'y a d'ailleurs de vraie différence entre les êtres organisés plantes et les êtres organisés animaux, qu'en ce que les premiers sont attachés au même lieu par les mêmes racines, et que les seconds peuvent changer de place par un mouvement spontané et volontaire.

ARTICLE II

DE LA CONNAISSANCE DES TERRAINS CULTIVABLES

Le premier soin d'un cultivateur intelligent, avant de se fixer sur un genre de culture, est de connaître la composition de son sol soit de montagne ou de plaine, sec ou humide, généreux ou ingrat; car, bien que nous ayons dit que les plantes ne contiennent en général que trois éléments, tout au plus quatre, que ces éléments sont contenus dans l'air atmosphérique, qui est le même sur toute la surface du globe, à la température près, que les graines germent tout aussi bien sur une éponge humide qu'enfermée en terre, l'expérience a cependant démontré :

1° Que toutes les fois qu'une graine, après avoir germé, ne trouve pas à faire entrer ses racines dans le sol, la plante ne tarde pas à périr ;

2° Que la plante végète avec vigueur proportionnellement à la composition du sol qu'elle habite.

Toute la science du cultivateur consiste donc

à connaître quelle est la composition de son terrain et la situation qui convient le mieux à chaque plante qu'il veut cultiver, car les unes veulent un terrain compacte et frais sans être humide, comme la canne à sucre; d'autres un terrain léger et sain, comme la patate douce (liseron à tubercule); celle-ci un terrain sec et meuble, comme le manioc; celle-là un terrain de terre forte et humide, comme le riz, etc. Certains végétaux préfèrent la montagne, comme le caféier; d'autres la plaine, comme le bananier; les autres les terres vieilles, sèches, comme les haricots; enfin le coton demande les terres rousses ou même rougeâtres; tandis que le cèdre odorant ne vient que sur les rochers, près des sources, et les araucarias (pignao) demandent les terres sèches, élevées et froides, éloignées des vents de mer.

A l'article de chaque plante, nous indiquerons quels sont le terrain et l'exposition qui lui conviennent le mieux; ici, nous ne nous appliquerons qu'à la composition des terrains que l'expérience a démontrés être les plus propres à favoriser la végétation des plantes basses.

L'aluminium ou oxyde d'alumine;

La silice à l'état de sable ou oxyde de silicium;

La chaux ou oxyde de calcium;

Connus sous le nom de terres ou métaux terreux, de la première section des métaux dans la Nomenclature chimique, sont les trois oxydes qui forment la presque totalité de la superficie solide du globe terrestre ; c'est aussi de leur mélange dans de certaines proportions que dépend la fertilité ou la stérilité du terrain cultivable.

Cadet de Vaux a fait des expériences pour connaître la fertilité des terrains et a donné un tableau géognomique dont j'ai extrait ce qui suit en y ajoutant quelque chose.

OXYDES MÉTALLIQUES

de la première section dans leur état d'isolement.

L'alumine ou oxyde d'aluminium, dans son état de pureté est blanche, elle happe à la langue, et dans cet état est très rare dans la nature; mais sous sa forme d'argile mélangée avec l'oxyde de fer, de mercure et autres métaux, les matières inflammables ou fluides impondérables, etc., depuis la couleur jaune jusqu'au rouge pur, elle est très abondante; suivant son degré de pureté ou de mélange, elle sert à fabriquer depuis la porcelaine jusqu'à la brique, à fouler les draps, à terrer le sucre; elle est la base de tous les mortiers grossiers; elle s'oppose partout à l'infiltration des eaux; à son état sec elle conserve les semences un temps indéfini sans qu'elles soient altérées ; quand on l'humecte d'eau, elle forme une pâte douce au toucher; si on la met au feu, elle diminue beaucoup de volume, et ainsi sert à mesurer les hautes températures en venant de plus en plus dure ; la propriété qu'a l'argile de se combiner avec l'eau et de devenir molle, lui fait toujours présénter au soleil une petite étendue de surface plane ou sphéroïde, aussi s'échauffe-t-elle difficilement et perd difficilement l'humidité ; mais, comme elle peut s'en charger d'une grande quantité, elle occupe alors un grand volume; l'eau venant ensuite à se vaporiser, l'argile fait retraite, se fend et rompt les faibles racines des végétaux ; elle ne peut donc pas être employée seule en agriculture.

La silice, ou oxyde de silicium, dans son état de pureté est blanche et sans saveur ; elle est sèche et âpre au toucher; elle est pure dans le cristal de roche, se cristallise en prismes exaèdres; elle compose la presque totalité des pierres, des sables, gemmes et terrains cultivables, et paraît constituer la majeure partie de la surface solide du globe ; elle est éminemment fusible ; on s'en sert à faire depuis les verres de télescopes jusqu'à la dernière bouteille ; certains fers en contiennent une quantité notoire; à son état de sable, ses grains n'ont pas de liaison entre eux, ils ont en outre des surfaces très-irrégulières ; il en résulte que quand les rayons solaires viennent à frapper une masse de ces grains de sable, l'immense quantité de surfaces en tous sens qui réfléchissent cette lumière augmente la chaleur ; plus ils sont colorés, plus ils s'échauffent vite, et plus ils sont de temps à perdre leur calorique.

Une masse de grains de sable ne retient pas assez l'eau, elle est pénétrée trop facilement par l'air et la chaleur ; aussi est-elle peu propre à la végétation ; cependant une foule de plantes croissent dans le sable, surtout quand il est recouvert par une couche quelconque qui l'isole des rayons solaires et qui peuvent lui faire garder l'eau qu'il contient mélangée avec l'argile ou avec les autres mélanges terreux ; elle facilite l'écoulement de la surabondance d'humidité, l'introduction de l'air et de l'eau dans le sol, et en favorise la juste répartition ; à cet état, elle rend les composés terreux moins durs à pénétrer aux racines des plantes, qui, en s'étendant, trouvent plus de substances nutritives ; il paraît enfin qu'une petite partie est absorbée à l'état liquide ou autrement, et existe dans la plupart des végétaux.

La chaux, ou oxyde de calcium, est blanche, ne peut se trouver dans son état de pureté à la surface du globe terrestre, elle a la propriété de la chaux vive et cristallise en prismes rhomboïdes; elle absorbe très rapidement l'eau en dégageant une forte chaleur; saturée d'eau, elle forme une pâte molle, et, dans cet état, elle a une forte attraction pour l'acide carbonique, qu'elle enlève aux corps environnants; elle est la base des mortiers fins, sert à désoxygéner les liquides, par exemple le vin de cannes pour faire le sucre, le liquide fermenté de l'indigo, les lessives pour la confection du savon et le blanchiment du linge; elle sert à chauler les semences afin d'en activer la germination et de tuer les insectes qui les attaquent. Combinée avec le chlore, elle forme le chlorure de chaux qui est désinfectant, sous le nom d'*eau de la barraque;* avec l'acide carbonique, elle forme la craie, les marbres, la pierre à chaux; avec l'acide sulfurique, elle forme le plâtre; avec le phosphate, elle est la base des coquillages et des os; en excès avec l'acide carbonique, l'alumine et la silice, elle forme la marne, si utile en agriculture comme amendement de certains terrains.

D'après ce que l'on vient de lire, ces trois oxydes, dans leur état d'isolement, sont impropres à la culture; la première par sa ténacité, la seconde par sa dureté, la troisième par la propriété qu'elle a de se charger d'une trop grande quantité d'acide carbonique; néanmoins, un propriétaire qui trouve des mines de ces oxydes sur sa propriété, doit les regarder comme un trésor, tant pour amender les autres sols, que pour l'usage des arts qui en traitent; en consultant les ouvrages de chimie appliquée aux arts, on peut en retirer de grands bénéfices, surtout quand on est voisin de grands centres de population ou de transports par eau.

Quant à l'agriculture, si ces oxydes servent peu dans leur état d'isolement, il n'en est pas ainsi dans leur état de mélange entre eux, dans de certaines proportions, deux à deux, trois à trois, comme on va le voir ci-dessous.

Tableau des oxydes de la première section combinés deux à deux et trois à trois, dont les premiers nommés sont toujours en plus grande proportion.

COMBINAISONS DEUX A DEUX.

Alumine-siliceux, Silice-alumineux.	Mélanges propres à tuiles et briques suivant la proportion plus ou moins forte d'alumine.

Ces deux mélanges sont infertiles parce

qu'ils ne contiennent pas d'acide carbonique, qu'ils ne peuvent pas attirer de l'air par manque de chaux.

Alumine calcaire, Calcaire-alumineux.	Infertiles par eux-mêmes pour être trop compactes et trop chargés d'acide carbonique, mais pouvant servir à amender les deux mélanges précédents.
Silice calcaire, Calcaire-siliceux.	La majeure partie du temps à l'état de pierre, sont la composition de la plupart des mortiers, fines, infertiles pour la majeure partie des plantes.

COMBINAISONS TROIS A TROIS.

Alumine-siliceux-calcaire, Silice-alumineux-calcaire.	L'expérience a démontré que ces mélanges étaient fertiles et même en certaines proportions les plus fertiles de tous.
Alumineux-calcaire-siliceux, Siliceux-calcaire-alumineux,	Ces mélanges pèchent par abondance de chaux et d'acide carbonique,
Calcaire-alumineux-siliceux, Calcaire-siliceux-alumineux.	Ces mélanges, base des marnes, pèchent par excès de chaux et d'acide carbonique.

Ainsi donc, les trois oxydes de la première section ci-dessus, dans leur état d'isolement, sont impropres à l'agriculture, ils le sont encore dans leurs mélanges deux à deux ; dans leurs mélanges trois à trois, ils ne servent que pour un très petit nombre de végétaux ; il n'y a donc que deux mélanges trois à trois que l'expérience a démontré être fertiles.

C'est-à-dire :

Alumine siliceux-calcaire,

Silice-alumineux calcaire.

Fordice a cherché à fixer les proportions rigoureuses des mélanges fertiles et a donné le résultat suivant :

Sur 299 parties en poids de mélange,

Pour les terres fortes argileuses.	219 d'alumine, 73 de silice à l'état de sable, 7 de chaux.
Total.	299 en poids.
Pour les terres légères sablonneuses.	219 de silice à l'état de sable, 73 d'alumine, 7 de chaux.
Total.	299 en poids.

D'après ce résultat, on voit que la terre, soit forte ou qu'elle soit légère, la proportion de la chaux est toujours la même, ce qui doit être, car on sait que quand l'oxyde carbonique existe dans la proportion de 1/100, il active la végétation, la détruit quand la proportion augmente, et la laisse de plus en plus languissante quand cette proportion est moindre et va en diminuant. Or, la chaux a la propriété d'attirer l'acide carbonique de l'air ; les sept parties de chaux du mélange de Fordice doivent naturellement y faire affluer une partie d'acide carbonique qui est la proportion la plus favorable à la végétation, soit dans l'air, soit dans le sol.

Il sera donc suffisant que l'agriculteur s'assure de la proportion d'alumine, de silice et de chaux que contient son sol, soit en terre forte, soit en terre légère, et après avoir comparé le résultat obtenu avec les mélanges de Fordice, il sera fixé sur la qualité de son terrain, qui, plus il s'en éloignera, plus il sera ingrat.

Il devra cependant observer que tous les mélanges qui se trouvent entre les proportions données ayant la même quantité de chaux qui est la quantité rigoureuse, et ne variant que par la proportion d'alumine ou de silice, sont propres à quelques plantes qu'il devra s'appliquer à connaître afin de les cultiver, si elles sont utiles, et dans le cas qu'il veuille changer son sol, il devra avoir recours aux mélanges et amendements dont nous parlerons dans la suite, dans un chapitre à part.

On pourrait sans doute analyser chimiquement un terrain donné ; mais l'agriculteur n'a pas besoin de tant de perfection ou d'exactitude, il suffit qu'il obtienne un résultat approché. J'ai analysé en France, en Allemagne, dans l'Amérique du nord, au Brésil, des centaines de terrains divers, et je ne me suis servi que de la méthode suivante, qui ne m'a jamais trompé ; je la donne d'autant plus qu'elle est à la portée de tout le monde.

ANALYSE D'UN TERRAIN DONNÉ.

On commence par marquer un espace de

terrain d'un pied carré, on ôte la superficie en terre végétale, composée, pour la plupart, de débris de végétaux et d'animaux ; l'on marque l'épaisseur de cette terre végétale, que l'on pèse et que l'on garde.

L'on creuse ensuite jusqu'à la profondeur d'un pied, outre ce que l'on a déjà enlevé de terre végétale, et l'on pèse ce pied cube de mélange terreux ; puis l'on fait sécher, l'on pèse de nouveau, ce qui, par la différence, donne l'eau et les autres matières évaporées qui se trouvaient dans ce pied cube de terre ; on passe au crible, pour dégager les pierres et minéraux que l'on pèse ainsi que les racines ; on prend note des deux poids, l'on délaie le résidu afin d'en dégager encore les débris végétaux ou animaux qui nagent à la surface, on fait sécher, on pèse, et l'on prend note ; on laisse déposer vingt-quatre heures, on décante, l'on fait sécher le dépôt, que l'on pèse ; la différence, déduction faite des pierres, minéraux, matières végétales et animales retirées d'abord, sera le poids de la chaux et autres substances qui se seront dissoutes dans l'eau ; on lave de nouveau le dépôt en grande eau, et après avoir laissé quelques minutes en repos, on décante, on pèse le résidu sec composé de sable et autres matières pesantes ; l'eau provenant de ce second lavage contient l'alumine; on la laisse déposer pendant vingt-quatre heures, on décante, l'on fait sécher le dépôt et l'on pèse. On opère de la même manière sur la terre végétale tirée d'abord, l'on réunit tous les produits identiques de chaque opération, et après les avoir comparés entre eux, on les réunit ensemble, ce qui donne la composition du sol.

Cette analyse est loin d'être rigoureuse, mais pour l'agriculteur elle suffit.

Il ne reste plus qu'à comparer le résultat obtenu avec les types de Fordice, et l'on sera fixé sur la qualité de son terrain.

Quand on veut mieux connaître son sol à de plus grandes profondeurs, il faut continuer à analyser pied cube par pied cube jusqu'à ce qu'on trouve le roc ou l'eau, faisant en quelque sorte des puits artésiens ou sondage de mines.

ARTICLE III

DIFFÉRENTS INDICES
annonçant la fertilité du sol

Outre l'analyse d'un terrain, il y a divers indices qui annoncent sa fertilité ou sa stérilité.

La couleur des terres influe beaucoup sur leur bonté. On sait que le blanc est la réunion de tous les rayons colorés, qu'il les réfléchit et ne les absorbe pas, ce qui fait que de toutes les couleurs la blanche est la moins susceptible de s'échauffer par l'influence des rayons solaires.

La couleur jaune est, après la blanche, celle qui, réfléchissant le plus les rayons colorés, s'échauffe le moins.

La couleur rousse réfléchit encore un peu moins.

La couleur tannée vient ensuite.

La couleur cendrée ne réfléchit presque pas du tout.

La couleur noire est la négation de toutes les couleurs, elle les absorbe et ne les réfléchit pas, ce qui fait que de toutes les couleurs la couleur noire est la plus susceptible d'élever promptement la température d'un corps quelconque. En outre, la terre noire est presque constamment l'indice de débris de matières végétales ou animales et du charbon qui tous abondent en principes constitutifs des plantes.

On peut donc ainsi généralement classer la bonté des terrains d'après les couleurs suivantes :

1re QUALITÉ.	2e QUALITÉ.
La terre noire,	La terre rousse,
La terre cendrée,	La terre jaune,
La terre tannée.	La terre blanche.

Il y a aussi d'autres remarques, par exemple, les odeurs ordinairement désagréables à l'odorat qui, étant presque toutes produites par des oxydes minéraux, sont pour la plupart nuisibles aux plantes : tels sont spécialement les oxydes de cuivre, d'antimoine, d'arsenic, etc. Les eaux croupissantes qui s'exhalent des marécages et sont chargées d'oxyde de fer, d'hydrogène carboné, etc.; on peut y ajouter le goût, qui trompe peu l'homme exercé.

L'aspect des plantes et des animaux est aussi un excellent indicateur; lorsque dans un terrain les plantes sauvages sont jaunes et rabougries ou laissent le sol presqu'à découvert, que les animaux y sont maigres, on peut en conclure de la stérilité; mais, au contraire, lorsque dans les bois vierges, par exemple, les arbres sont droits, d'une grande hauteur, et tellement rapprochés les uns des autres que les plantes parasites et basses ne peuvent y croître, qu'on peut s'y promener avec facilité; qu'il y existe une obscurité presque éternelle; que les terres qui ont été déjà cultivées ou celles de plaines natives se couvrent promptement d'herbes sauvages, bien fournies et de la couleur d'un vert foncé, d'une végétation généreuse; que les animaux qui y habitent sont grands, gras, et ont le poil bien luisant; on peut en conclure de la fertilité du terrain.

L'exposition influe aussi beaucoup; généralement celle qui regarde la ligne équinoxiale est la meilleure, ensuite celle du levant, puis celle du couchant; l'exposition sud pour l'hémisphère sud, et celle du nord pour l'hémisphère nord, sont les plus inférieures; néanmoins il y a des plantes qui préfèrent de telles expositions qui les mettent en analogie avec les climats où la nature les a fait naître primitivement.

Il est cependant des circonstances où des terrains, très fertiles par eux-mêmes avec toutes les autres circonstances favorables, ne produisent rien, soit parce qu'ils se trouvent inondés ou bien qu'ils sont trop secs, ou qu'ils se trouvent ombragés, ou qu'ils sont par couches.

Lorsque les terrains sont inondés, il appartient au cultivateur de les dessécher; lorsqu'ils sont trop secs, il faut les arroser, et quand ils se trouvent ombragés, les découvrir; mais quand cet ombrage vient des montagnes, il n'y a de ressource que de les laisser venir en bois, ou bien d'en faire des pâturages.

On traitera de chacune de ces circonstances dans des articles séparés.

Dans d'autres lieux, des terrains très fertiles par leur composition sont ingrats à la culture ; ce sont ceux qui sont par couches de sable, puis ayant par-dessus des bancs d'argile qui empêchent l'écoulement des eaux, *et vicè versa*. On rend la fertilité à ces terrains en les mélangeant entre eux, c'est alors que la charrue produit d'admirables effets; mais il faut qu'elle aille assez profondement pour produire le mélange. Si la couche d'argile est trop grande, on doit cultiver en sillons ou en planches très-bombées, pour pouvoir donner l'écoulement aux eaux; à moins qu'on ne défonce le terrain à de grandes profondeurs afin de produire le mélange avec le crible.

CHAPITRE II

AMENDEMENTS DES TERRAINS

On entend par amendements toute bonification qui tend à donner à un terrain donné la plus grande fertilité dont il est susceptible.

Les amendements sont de deux sortes :

1° Ceux qui changent la nature du sol et sa manière d'être, tels que les amendements minéraux ou mélanges, les nivellements, les arrosements et les desséchements;

2° Ceux qui ne font que réparer les pertes que les cultures successives ou les grandes pluies occasionnent au sol et que l'on appelle engrais.

PREMIÈRE PARTIE

AMENDEMENTS

ARTICLE PREMIER

AMENDEMENTS MINÉRAUX

ou de la première espèce.

Les amendements minéraux doivent être relatifs à la composition du terrain, à sa situation de montagne, ou de plaine, sec ou humide, à son exposition chaude ou froide, à l'abri des vents ou exposé aux tempêtes; ils doivent modifier et corriger ce que la nature a donné trop abondamment et fournir ce qu'elle a refusé; ils doivent aussi être conformes à l'effet que l'on veut produire, prompt ou lent, propres à telles ou telles plantes.

Je suppose qu'un cultivateur a toujours présent devant les yeux les deux types de terre que j'ai donnés, l'un pour les terres fortes, et l'autre pour les terres légères, qu'il connaît aussi la composition de son sol, et en quoi elle s'éloigne des types ; j'ajouterai qu'il doit enfin se borner à améliorer ses terres fortes comme terres fortes, et ses terres légères comme terres légères, afin de les faire approcher le plus possible des types respectifs, surtout en proportion de la chaux, et ne doit jamais changer d'un type à l'autre, à cause des énormes dépenses qu'occasionnent les remuements et transports de terre.

Il devra se contenter de faire cette opération pour ses jardins, dont la grande diversité de plantes et de culture demande aussi une grande variété de terrains, d'ailleurs la dépense est peu considérable; mais quand on veut opérer en grand, les résultats ne correspondent presque jamais aux espérances, et l'on en reste pour les frais, qui ruinent.

Je dirai de plus que, dans la culture en grand, la plante qui réussit le mieux dans le terrain que l'on possède, quand bien même elle serait de peu de valeur, donne toujours plus de bénéfice qu'une plante d'un haut prix, que l'on ne peut faire venir qu'à force de travail et de dépenses, ou que l'on ne peut vendre ; et qu'en conséquence il faut s'étudier à connaître la plante ou le genre de culture qui peut donner du bénéfice, seul but de l'agriculteur.

Quant à la culture des jardins pour la dépense de la maison ou la fourniture des grandes villes, le conseil ci-dessus ne doit pas être suivi, attendu que dans ces lieux, les plantes rares donnent des produits d'un prix tellement élevé que, quelque dépense que l'on fasse pour les obtenir, on en est récompensé. Je citerai l'ananas qui, à Paris, à Vienne, en Autriche, vaut 24 francs la pièce, et qui au Brésil, où il est infiniment meilleur, vaut à peine 5 centimes.

Je donnerai cependant tous les moyens d'amender, laissant à chacun la faculté d'en disposer suivant son intérêt, la nécessité ou son plaisir; j'ajouterai encore que la plus rigoureuse économie est la première loi de l'agriculture et qu'on ne doit faire aucune dépense sans avoir la certitude qu'on retrouvera l'intérêt de l'argent employé ; après cela, les personnes riches et opulentes qui voudront faire quelque chose, soit pour se divertir, soit pour se donner du renom, pourront dépenser leur argent à leur volonté ; mais ce n'est pas une raison pour qu'un agriculteur sage les imite.

Les terrains sont en montagnes ou en plaines, en terres fortes, argileuses, ou en terres légères, sableuses, humides ou sèches, en terres vierges ou déjà cultivées ; près des grandes villes ou dans les pays peuplés, des chemins publics ou canaux navigables, ou bien éloignés de ces différentes circonstances ; de là dépendent les améliorations à faire.

On peut dire en termes généraux que les terres trop argileuses s'améliorent avec du sable, celles trop sableuses avec de l'argile, celles qui manquent de calcaire, en y ajoutant de la chaux, des marnes sableuses pour les terres argileuses et des marnes argileuses pour les terres sableuses, des coquillages préférables à la chaux pure ; celles trop pierreuses en les épierrant ; ou en d'autres lieux de montagne, comme on fait en Autriche pour la culture de la vigne, et à Java pour la culture du caféier, on fait des murs en pierre froide de soutènement de terre, transversalement à la pente de la montagne, et un peu inclinés vers le sommet, pour avoir plus de force contre les éboulements; et au pied de ces murs, on plante les ceps de vigne, que l'on adosse au mur; quant au caféier, il doit être planté au sommet du mur, afin que les racines puissent s'étendre dans une terre plus molle et sèche, tandis que la tête de l'arbre se trouve plus aérée; en d'autres lieux, on sème du sel marin ou fossile.

Lorsque les terres sont chaudes, généralement sur les bords de la mer, ou exposées au vent, ou bien à fond calcaire comme au Seara, il faut les abriter et ombrager avec des arbres qui croissent vite, y faire des étangs. Aux îles de France et de Bourbon, on abrite les caféiers avec des arbres de la famille des acacias, et maintenant des arbres à pain; à Java et à Sumatra, on emploie aussi les acacias à abriter le poivrier tout en lui servant de tuteur; je m'en suis très bien trouvé dans une propriété que j'ai eue au bord de la mer.

Les terres les plus difficiles à amender sont celles qui contiennent trop de chaux; dans bien des cas, on ne peut que les abandonner, elles ne servent que pour amender les autres terres; mais souvent aussi on peut y planter de la vigne, comme en Champagne, des arbres fruitiers ou forestiers.

En Basse-Bretagne et les îles Canaries, les habitants vont chercher les terres dans les vallées et les ruisseaux, et en recouvrent leurs rochers que les eaux ont dégarnis.

En Chine, les Chinois mettent sur des radeaux en forme de barques les terres qu'ils retirent du fond des fleuves, et y cultivent des plantes de jardinage.

En France et en Allemagne, on défonce les jardins, vergers et promenades, jusqu'à deux mètres de profondeur, on crible la terre et on la mélange suivant les besoins et la culture qu'on se propose. J'ai vu mon père faire creuser des trous de deux mètres cubes de profondeur, pour la plantation de ses vergers et de ses avenues.

En Angleterre, où le sol est généralement ingrat, il paraît que les grands capitalistes de ce pays, la Tyr de nos jours, font ces opérations en grand, et cet usage s'étend tous les jours de plus en plus, fertilisant ainsi le sol pour de longues années.

On sait par l'histoire ancienne, que les Babyloniens, au lieu de toits à leurs maisons, les couvraient de plates-formes remplies de terre, où ils cultivaient des légumes et des fleurs. Les

Egyptiens, outre leur grand lac Mœris, d'où sortaient des canaux d'irrigation, destinés à couvrir d'eau les plaines des bords du Nil, à certaines époques de l'année, et à la hauteur nécessaire, avaient aussi construit des îlots factices de distance en distance, entourés de murs, et d'une hauteur telle, que les eaux du fleuve ne pussent jamais les inonder ; ces îlots existent encore couverts de villes et de villages, quoique le peuple qui habite ces lieux soit tombé dans la barbarie et n'ait pas d'idée du passé, dont il n'a conservé que la science de faire naître des œufs de poule dans des fours ; en agriculture, rien ne doit être négligé ou abandonné.

ARTICLE II

NIVELLEMENTS

On emploie les nivellements pour l'écoulement des eaux, ou l'établissement de glacis, de terrasses, de cours d'eau, etc.

Les nivellements pour l'écoulement des eaux doivent en général, suivre la pente naturelle des lieux, et pourvu qu'ils aient un demi-centimètre par mètre, cela suffit; cette pente est aussi suffisante pour les glacis et les terrasses; mais, pour ces dernières, quand bien même la pente serait plus grande, cela ne serait que meilleur, sans toutefois qu'elle dépasse un centimètre par mètre, autrement les graines que l'on y met sécher fuient; il faut aussi observer que la pente des glacis à sécher doit toujours être inclinée vers la ligne équinoxiale.

Dans les cours d'eau, une bonne pente est un centimètre par mètre, afin que l'eau ait une marche assez rapide et ne puisse pas faire encombrement dans un lieu quelconque; c'est d'ailleurs la pente de la majeure partie des fleuves et rivières navigables.

On peut faire des nivellements, soit avec de longues règles, avec un niveau triangulaire a plomb, ou, en grand, avec un niveau d'eau, ou à bulle d'air, dont se servent les ingénieurs. Mais en agriculture, où l'on n'a pas besoin de tant d'exactitude, la règle avec aplomb suffit, même l'œil simple, à l'homme exercé est suffisant.

ARTICLE III

IRRIGATIONS

Lorsque les terrains sont trop secs par eux-mêmes, ou bien que les plantes que l'on cultive ont besoin d'eau en certaines saisons, on y remédie en grand par des rigoles venues de terrains supérieurs, comme l'ont fait autrefois les anciens Babyloniens, en tirant du Caucase les immenses canaux souterrains qui arrosent encore la Perse de nos jours ; comme on le fait encore aujourd'hui dans la Haute-Bretagne, pour arroser les prés naturels, en Piémont, pour arroser le riz, à l'île de Cuba, et autrefois à Saint-Domingue, pour arroser les champs de cannes à sucre, l'indigo, etc. ; de cette manière on barre une coulée faisant un petit réservoir, et de chaque côté de la prise d'eau, on fait une rigole ou simplement on barre un ruisseau avec une planche, ou autrement, afin de faire élever les eaux qui, par ce moyen, couvrent les espaces voisins, de cette manière. (Voir les 2 figures) :

On augmente l'effet de ces eaux en mettant dans les prises d'eau des engrais minéraux, animaux ou végétaux, qui activent la végétation, tant à cause des éléments qu'ils contiennent par eux-mêmes, que par la fermentation qu'ils occasionnent, et la température de l'eau qu'ils élèvent. En Haute-Bretagne, j'ai eu des prés dont j'ai ainsi, en très peu de temps, doublé la valeur.

En Chine et au Japon, on se sert de la machine à godets sans fin ; on pourrait aussi se servir de la pompe d'Archimède, de pompes aspirantes, mises en mouvement par des animaux ou des moulinets à vent pour arroser les plaines des bords des fleuves, rivières ou ruisseaux trop encaissés.

ARTICLE IV

DESSÉCHEMENTS

Au Brésil, et généralement sous toute la zone torride, dans la majeure partie des bois vierges, marécageux, il suffit de les abattre pour les dessécher, ou pour le moins, pour les plaines qui n'ont pas assez de pente, faire de petits canaux pratiqués dans les parties les plus basses dans lesquels aboutissent d'autres petits égouts qui remplissent le but. Mais, il faut en convenir, malgré les idées de nos docteurs médecins à cet égard, ces plaines desséchées qui sont si fertiles pour le riz, les cannes à sucre, l'indigo et les bêtes à cornes, deviennent, après leur desséchement beaucoup plus pestilentielles pour l'homme qu'elles ne l'étaient lors de leur état en bois vierge.

Quant aux desséchements des grands marais, des lacs, des lais de mer, on peut considérer que ces entreprises sont en-dessus des forces des agriculteurs et appartiennent au domaine des compagnies qui, seules, peuvent avoir assez de capitaux pour en venir à bout.

On dit que les Chinois ont pris une province entière sur la mer ; on sait que les Romains ont desséché les marais Pontins ; en France, il y a une foule de dessèchements anciens et nouveaux ; ma famille a contribué autrefois à dessécher les marais salants de Beauvoir-sur-Mer, dans la Vendée, et y a possédé de grands revenus ; mais depuis la mort de mon père où nous avons essuyé une seconde débandade, elle n'y possède presque plus rien. Le vrai pays normal des dessèchements en Europe, c'est la Hollande, arrachée presque tout entière du sein des eaux, et où l'on parle déjà de dessécher la mer du Zuyderzée.

De tous les dessèchements en Europe, les plus productifs sont les lais de mer : j'ai vu à la Crosnière, près Beauvoir-sur-Mer, des récoltes de froment, d'orge, de fèves jusqu'à 150 pour un, et après de longues cultures, jamais moins de 20 et 25.

Au Brésil sur mon habitation de la Pédra-da-Onça, au-dessous de mon établissement, où il y a des terres inondées, j'ai récolté, après l'abattis, et à la récolte en riz, jusqu'à 154 pour un, et si je n'avais pas perdu la seconde récolte que les cochons sauvages me détruisirent avant que je pusse m'en apercevoir, j'aurais récolté plus de 220 pour un; mais cela ne m'est arrivé qu'une fois; depuis je n'ai jamais pu obtenir plus de 80 à 120 et 130 en riz, qui est la plante qui produit le plus sous les Tropiques.

DEUXIÈME PARTIE

AMENDEMENTS VÉGÉTAUX ET ANIMAUX

ARTICLE PREMIER

ÉTABLES, COURS ET PARQUAGES

Les amendements annuels ou engrais sont très nombreux, généralement toutes les matières animales ou végétales, qui ont subi la fermentation putride ou même avant cela, sont plus ou moins favorables pour activer la végétation des végétaux, mais comme ils sont très coûteux pour se les procurer, ceux auxquels on a recours, et qui sans contredit, sont à meilleur marché, tout en produisant un grand effet et même en certains cas sont suffisants, sont les remuements de terre ainsi que les sarclages fréquents.

Dans les terres vierges, il n'y a pas besoin d'engrais, ni de remuements de terre; les débris des végétaux et des animaux que les siècles ont amoncelés, ont donné à ces terres une telle force de production, qu'il n'y a besoin que d'abattre les arbres, brûler pour dégarnir la superficie du terrain, planter ou semer, et entretenir propre, afin que la plante que l'on cultive puisse seule jouir de la fertilité du sol, sans que les plantes sauvages l'étouffent.

Les engrais proprement dits, ne sont utiles que dans les terres déjà usées, et c'est là aussi que devant remuer la terre, la charrue produit un plus grand effet partout où elle peut fonctionner, c'est-à-dire, dans les plaines, ou les collines peu escarpées et qui sont dégarnies de troncs d'arbres, de racines et de pierres, c'est aussi le moyen le plus économique, mais il est de toute nécessité d'introduire dans le sol un engrais quelconque, minéral végétal ou animal, afin de lui communiquer cette fermentation qu'éprouvent tous les êtres qui ont perdu la vie.

On sent aussi, que plus la terre est compacte et plus elle doit être remuée souvent et profondément, afin de la diviser et de la charger des substances constitutives des végétaux.

De même que pour les amendements minéraux, il est nécessaire que les engrais végétaux ou animaux soient appropriés au sol, et à l'effet qu'on veut produire.

On distingue les engrais en engrais chauds et en engrais froids.

Les engrais chauds, sont les excréments de l'homme, la fiente des pigeons et des poules, les fumiers de cheval, d'âne, de mulet, de chameau, de chèvres, de moutons, les débris des tanneries et résidus de toutes les manufactures, et de matières animales, le guano, le noir animal après avoir servi au raffinage des sucres; qui produisent un effet prompt et sont généralement employés dans les terres fortes, argileuses.

Tandis qu'on appelle engrais froids, ceux de bœuf, de porc, les balayures des maisons ou hangars, les décombres des maisons, les boues des rues, qui ont un effet plus lent et sont employés avec plus d'avantage dans les terres sableuses et calcaires.

Viennent après ces engrais les débris de tous les végétaux, bagasses de cannes à sucre, pellicules de café, feuilles d'arbres, plantes herbacées de toute espèce, qui servent de litière aux animaux, ou sont mises à pourrir dans des lieux humides, rues, cours, etc.

Il est préférable de les mélanger avec des fumiers animaux, et tout ensemble avec des boues retirées des fossés, des canaux, des étangs et même de la terre des lisières qui entourent les champs labourés. On sent que ces composts mis en tas se chargent d'air et d'acide carbonique, se répandent plus également sur toute la surface du terrain et produisent un plus grand effet.

Dans certaines terres légères et pour certaines plantes, telles que le maïs, les haricots, le manioc, etc.; la cendre produit des effet admirables; voilà pourquoi au Brésil et autres pays neufs, où généralement on suit le système des jachères, après avoir coupé les broussailles, on y met le feu et l'on obtient de grands produits à peu de frais; mais, dans les terres fortes, de montagne ou de plaine en bois vierge, il faut avoir le soin d'abattre deux ou trois ans d'avance, afin de laisser pourrir toutes les feuilles et les branchages qui forment un terreau volumineux, et quand on veut planter, on coupe de nouveaux les broussailles qui ont repoussé, de cette manière, quand on met le feu, il ne brûle que ces broussailles sèches et non le terreau et la terre végétale qui se trouvent au-dessous, sans faire de terre cuite, ce qui arrive toujours lorsqu'on brûle bien les bois vierges nouvellement abattus. Il est vrai que l'énorme quantité de cendres et de charbon que l'on obtient, quand on brûle bien les abattis de bois vierge, produit d'abord un grand effet végétatif, nettoyant parfaitement le terrain, donne une grande facilité pour planter, mais ensuite cela produit une grande stérilité pour de longues années. Même quand on brûle trop bien ces terres neuves et que l'année est sèche, le maïs, les haricots, les cannes à sucre, etc., et autres légumes n'y viennent pas. En de certains lieux on dirait qu'aussi elles ont été brûlées ; quand cela arrive, c'est une preuve que les météores n'ont pas eu le temps de diviser le sol.

Les auteurs recommandent aussi de ne pas brûler en grand, mais de former des tas de broussailles, y mettre le feu, et ensuite répandre la cendre sur le terrain, c'est la règle pour les vieilles terres ; mais il faut en convenir, qui suivrait cette règle ainsi que ce qui a été dit dans le paragraphe précédent, se trouverait singulièrement trompé pour ses abattis de terre vierge, dans lesquels il ferait une énorme perte de temps et de travail ainsi que de capitaux, à cause de la cherté de la main d'œuvre au Brésil, sans compter qu'il perdrait presque infailliblement le peu de récolte qu'il aurait obtenu, comme je le démontrerai à l'article des brûlis.

Quant à produire un effet prompt et vif pour les plantes qui mettent de trois à cinq mois à mûrir, les fumiers chauds animaux, sont préférables, ainsi que la cendre, le noir animal, etc., mais il ne faut employer les fumiers chauds surtout les excréments de l'homme, qu'après qu'ils sont bien consommés, autrement ils donnent leurs goûts aux plantes. J'excepte cependant le fumier de cheval, ou le tan, dont les jardiniers se servent pour faire des couches et qui doivent être employés à peine sortis de l'écurie ou de la tannerie.

Lorsque l'on veut produire un effet lent, les fumiers de bœufs, de porcs ou autres fumiers végétaux ou minéraux ci-dessus doivent être employés.

Les terres vierges, couvertes de bois, n'ont pas besoin d'amendement ou d'engrais, les siècles y ont amoncelé les débris végétaux et animaux, et y ont généralement établi une épaisse couche de terre végétale noire, qui fait qu'on n'a besoin d'autre chose que d'abattre, brûler et planter ; les produits sont gigantesques et presque sans travail ; il faut les voir pour y croire.

Je dirai même que dans de semblables terres, même en brûlant, il est difficile de maîtriser la végétation des plantes sauvages, ne pouvant récolter certaines plantes que les premières années où les semences sauvages n'ont pas eu le temps de s'emparer du terrain; c'est pourquoi quand on ne brûle pas, il vaut mieux attendre à planter pour l'année suivante comme cela m'est arrivé tant de fois, et qui est su de tout autant il y a d'agriculteur intelligent au Brésil, malgré les idées des nouveaux arrivants qui ne connaissent pas le pays, et font tant d'écoles avant de devenir maîtres.

Quant aux vieilles terres, elles ne produisent qu'à force de travail et en les couvrant d'engrais, encore les produits sont-ils médiocres; néanmoins ceux qui en possèdent et qui ne peuvent pas se procurer des terres neuves, sont dans la nécessité d'en tirer parti et doivent avoir recours aux engrais, à la charrue et autres machines d'agriculture d'Europe, sans lesquels beaucoup de terres ne payent même pas le travail qu'elles coûtent; celles mêmes qui sont éloignées des grandes villes, des routes, des canaux ou rivières navigables, et dont les produits sont par conséquent très coûteux de transport, doivent être mises en pâturage, ne mettant en culture de céréales que ce qui est nécessaire à la consommation de la maison, tant pour les hommes, que pour les animaux que l'on peut engraisser et faire voyager.

Il appartient alors au cultivateur de s'attacher à élever les animaux qui réussissent le mieux sur sa propriété, en combinant le soin des bestiaux avec le travail des mines, des métaux précieux, dont l'exploitation par les lois et réglements actuels, est presque impossible, à moins d'être autorité supérieure ou privilégié; alors on peut faire ses affaires dans des lieux très retirés.

Les personnes qui seront dans la nécessité de se servir d'engrais, devront employer les moyens suivants, pour se procurer du fumier animal, qui est celui qu'on obtient le plus facilement et qui est le meilleur.

Dans les temps de pluies ou de grand soleil, on tient le bétail sous des hangars, et dans les belles nuits, dans les cours faites exprès; dans l'une et l'autre circonstance, le gros bétail doit être attaché afin qu'il ne puisse pas se battre; l'on donne à manger des plantes de prairies artificielles, et l'on donne abondamment de la litière pour se coucher, et en même temps pour s'imprégner des excréments et des urines.

En Europe, c'est-à-dire en France, en Allemagne et en Angleterre, on nourrit le bétail pendant l'hiver avec du foin que l'on a fait sécher dans le temps chaud, ainsi que de la paille de froment, de seigle, d'orge, du trèfle, de la luzerne, du sainfoin, des pailles de haricots, de petits pois, de lentilles de Jarosse, de maïs, des feuilles de peuplier pour les moutons, etc., et en vert des navets, des choux, des pommes de terre, des raves, des ajoncs ou genêts épineux pilés qui sont très bons pour les chevaux.

Quant à la nourriture, en été, on emploie le trèfle nouvellement coupé et fané ainsi que de la luzerne, en ayant la précaution de ne pas faire boire les animaux qui ont mangé, pour éviter qu'ils se météorisent; toutes les autres plantes ci-dessous mentionnées, mais vertes, des citrouilles, etc., sont aussi employées dans le temps chaud, du printemps jusqu'en automne.

Au Brésil, on pourrait remplacer ces plantes par des œilletons de cannes à sucre du Capim d'Angol, Impérial, des traces et tubercules de patates douces ou liseron à tubercules, des fleurs et tiges de maïs que l'on coupe au-dessus de l'épi après que la barbe est devenue noire, de la paille de haricots, et une immense quantité d'autres espèces de plantes encore peu connues dont les pâturages natifs sont couverts.

Il faut cependant observer que dans une grande exploitation, cette méthode est maintenant presque impraticable dans l'état où se trouve le Brésil, où il n'existe de chemins praticable sque pour les hommes et les mulets, où la main d'œuvre des premiers est trop chère et le service des seconds insuffisant, sans charrettes dont on ne peut se servir dans les bois vierges, ou les montagnes escarpées et couvertes de pierres, ni dans les plaines marécageuses qui forment la majeure partie du Brésil.

Je me contenterai de conseiller cette méthode, qui est presque de rigueur pour la nuit, où l'on doit de toute nécessité nourrir le bétail pour le garantir des tigres et onces de toute espèce, en Europe, des loups et des gens sans aveu, encore pires que les bêtes féroces; je puis en parler par expérience.

Ces cours et hangars dont je viens de parler plus haut, doivent être bombés en dos d'âne et carrelés, ou pour le moins pavés, de manière à ce que l'urine puisse courir dans des rigoles, qui doivent être construites tout au tour, et servent à conduire les urines et les eaux de pluies dans les fosses à fumier, qui sont de grands trous carrelés, carrés ou carrés longs, pratiqués dans l'un des bouts de la cour et des hangars : ainsi (Voir la figure.) les cours et hangars doivent être assez larges pour pouvoir contenir deux, quatre, six, huit rangs de bétail, suivant la quantité qu'on en possède et l'importance de l'exploitation, et chaque trou à fumier assez spacieux pour pouvoir contenir le fumier d'une année à l'autre; car pendant que l'un se remplit l'autre se mûrit. C'est dans ces fosses à fumier que l'on achève de le mûrir, afin de produire le plus grand effet possible sans donner de mauvais goût aux plantes; on conçoit que ces fosses à fumier doivent être enduites de ciment, afin de ne rien perdre; on doit les vider dans le temps sec et froid, afin d'éviter l'infection, et une fois chaque année, avec la précaution, quand on la vide, d'avoir toujours prêt une fiole d'alcali volatil, pour faire sentir aux hommes, qui, quelquefois, se trouvent asphyxiés par la forte odeur qui se dégage.

Quant aux cours et étables, elles doivent être nettoyées au moins une fois par semaine, et même mieux, tous les jours, si cela est possible, afin de remplir les fosses à fumier, dans lesquelles on doit aussi jeter toutes les immondices des maisons, du sel, de la chaux, des marnes, des coquillages, etc., etc., etc.

C'est après que l'on a tiré le fumier de ces fosses à fumier que l'on doit s'occuper à faire des composts près des terrains que l'on veut bonifier et mettre en culture.

Les composts se font par couches alternatives

de terres, ou boues, ou gazons, puis de fumier des fosses, de 2 à 3 décimètres d'épaisseur, ensuite terre, ou boue, ou gazon, et encore du fumier jusqu'à la hauteur d'environ 1 mètre à 1 mètre 50 d'élévation sur autant de large, étant préférable d'en faire plusieurs à distance les uns des autres, afin d'éviter le transport sur le champ à mettre en culture.

C'est à l'intelligence du cultivateur à avoir le plus grand nombre possible de ces composts pour la culture en grand, et de bon fumier bien pourri pour ses jardins ; il devra aussi se souvenir que quelle que soit l'espèce d'engrais dont il se servira, celui qui est enfoui en terre produit un plus grand effet ; mais dans les pâturages naturels ou factices où l'on ne peut qu'étendre à la superficie pour ne pas arracher l'herbe, comme gramme ou graminho, il devra se contenter, après avoir étendu l'engrais, de passer le gros rouleau pour les terres sableuses, afin d'affermir le terrain, et la herse à dents de fer pour les terres fortes, afin de soulever la terre et faciliter le fumier de parvenir jusqu'aux racines.

Il est une méthode que je ne puis trop recommander au Brésil, c'est d'avoir douze ou vingt petites cours bien closes avec des épines, des limons ou aloès (*pithos*), dans lesquelles on réunit le bétail la nuit, et où il reste un ou deux mois, suivant la quantité qu'il en existe, et au fur et à mesure qu'on retire le bétail d'un enclos, on y plante des plantes légumineuses de jardinage qui rendent abondamment; le plus difficile est de préserver ces petites cours des porcs qui ne connaissent aucun entourage autre que les murs ou les fossés.

Il est encore une autre raison qui est en faveur de ces petites cours en plein air, dont on change souvent le vieux bétail; c'est que, lorsqu'il est amoncelé sous des étables, ou dans de grandes cours permanentes, l'infection des lieux en fait périr une grande quantité et favorise les épizooties si fréquentes au Brésil. Mais quant aux jeunes animaux, qu'on a beaucoup de peine à élever, et dont les mères n'ont, en général, que le quart du lait qu'elles ont en Europe, il faut les garder dans des étables bien closes, car il y a une foule de chauves-souris vampires ou d'insectes qui viennent déposer leurs œufs sur ces jeunes animaux de préférence, y font venir des plaies remplies de vers, et tuent ces élèves, quelques soins qu'on leur donne pour les garantir.

J'ai cité ces petites cours seulement pour les vaches à lait du service de la maison, et les moutons en petit nombre; car du moment où ces animaux sont en grande quantité, il faut faire parquer à la mode de France et d'Angleterre, qui n'est rien autre chose que d'établir ces cours avec de plus grandes dimensions et loin des habitations, se contentant seulement de faire des élèves comme au Rio-Grande, sans s'importer du lait dont on peut faire des fromages ou du beurre. Il ne faut pas oublier que, dans chacune de ces cours, petites ou grandes, il doit y avoir une auge évasée en bois, où l'on répand quelques poignées de sel marin ou fossile, ce qui habitue le bétail à venir chaque soir à la maison, et le préserve aussi des insectes.

CHAPITRE III

MANIPULATION DES TERRES

Il y a deux systèmes d'agriculture :

1° Le système des jachères;

2° Le système de culture continue.

Ces deux systèmes ne sont point arbitraires, mais bien rigoureusement applicables suivant la situation des lieux.

Le système des jachères est suivi avec raison et indispensablement dans les pays boisés, peu peuplés et éloignés des grands centres de population, telle que se trouve maintenant la presque totalité de l'Amérique méridionale, une grande partie de l'Amérique du nord, et les parties boisées de l'Afrique, ainsi que de l'Australie et de l'Asie.

Le système de culture continue, au contraire, n'est pratiquable que dans les pays très peuplés, couverts de chemins, de rivières, de canaux, où les villes et villages se touchent, où la propriété est très divisée, où chaque champ a sa clôture et son propriétaire ; de nos jours, hors la culture des jardins autour des grandes villes, il n'y a que la Chine, la Hollande, la Belgique, l'Allemagne, l'Italie, la France et l'Angleterre qui puissent penser à établir un tel système pour nourrir la surabondance de ses habitants, partout ailleurs où les terres abondent et les bras manquent, s'entêter à de telles opérations, c'est ne pas connaître son affaire, encore moins la fécondité des terres vierges.

Je donnerai cependant les deux systèmes, tant pour éviter aux nouveaux arrivants de faire de trop fortes écoles, qu'afin que chacun puisse s'amuser à faire des expériences, que les habiles puissent en tirer ce qui pourra convenir à leurs intérêts.

ARTICLE PREMIER

SYSTÈME DES JACHÈRES

On entend par système des jachères, celui par lequel, après avoir épuisé un terrain par des cultures successives, sans réparer annuellement les pertes que le sol a éprouvées par chaque récolte, fait abandonner ce terrain pendant cinq, dix, quinze, trente ans et plus, afin qu'il puisse se couvrir de nouveau de plantes ou arbres sauvages, et quand les débris de ces végétaux lui ont rendu sa fertilité, on le met de nouveau en culture.

Avant d'abandonner en jachère, on doit planter ou semer, avec la dernière récolte, des plantes basses ou des arbres blancs qui croissent vite, ou des arbres forestiers de valeur, comme on fait dans la Vendée avec le genêt, en Bretagne avec le jonc marin, en Prusse avec les pins et les sapins. Généralement, il faut choisir des plantes basses ou des arbres qui croissent vite, qui sont robustes et dont les produits donnent du bénéfice quand on les abat; mais, quand on veut abandonner pour de longues années, il faut choisir des arbres qui ont de la valeur, comme en France le chêne, le hêtre, le chataignier, le pin; et au Brésil, on pourrait, dans la montagne, semer du palissandre, de l'areriba rose, du gonsolves alba, du cèbre, de l'ipe, du copal, du cabrioüba, du gouarita, pithias, etc., presque d'une manière innombrable; et dans la plaine, du bois de Brésil et autres, qui sont en si grand nombre qu'il est impossible de les nommer tous; car, au Brésil, chaque localité a ses bois précieux, quoique éparpillés et non en masse comme en Europe. Mais on peut dire qu'il n'y a que l'embarras du choix; généralement il faut choisir les espèces qui réussissent le mieux dans la localité que l'on possède.

Quand on veut n'abandonner que pour peu de temps, comme on le fait dans les provinces de San-Paulo et des Mines pour la culture du maïs et des haricots, on doit y semer des bois blancs qui croissent très vite. Ceux à feuilles caduques de la famille des acacias ou autres sont les préférables, parce que la chute annuelle de leurs feuilles graissent le terrain, et que d'ailleurs ils ont une espèce de résine qui les fait brûler avec facilité lorsque l'on abat de nouveau.

Lorsque l'on veut n'abandonner en jachères que pour quelques années seulement, on ne doit semer ou planter que des arbustes qui ont peu de fortes racines, ou mieux encore des plantes herbacées dont les plus élevées et branchues sont les meilleures, soit que l'on veuille les enfouir avec la charrue, soit que l'on veuille les couper et les faire simplement brûler, car si ces plantes avaient de fortes racines, il faudrait les arracher avant de se servir de la charrue, à moins que l'on ne voulût planter à la houe. On sent d'ailleurs qu'on ne peut se servir de ces plantes basses que dans les plaines ou les coteaux peu escarpés, qui ne sont pas couvertes de pierres, et réserver les grands arbres pour les montagnes escarpées et couvertes de pierres dont il faut ensuite faire l'exploitation connue pour les bois vierges.

J'ai dit plus haut que les bois vierges mis en culture donnaient des produits immenses et presque sans travail, sans soins et sans y employer de fumier; j'ajouterai que bien loin de là, l'on n'a qu'à se plaindre de la force de la végétation, que l'on ne peut maîtriser que quand on brûle bien, afin de donner le temps aux plantes que l'on confie à la terre de prendre la force, car quand elles se laissent dominer par les plantes sauvages, elles sont aussitôt détruites, ce qui arrive toujours quand on ne peut pas bien brûler; conséquemment c'est aussi le cas de suivre le système des jachères, qui épuise plus promptement la terre, et lui enlève cette surabondance de vigueur qui nuit.

En France et en Angleterre surtout, où le bois est si cher, on peut encore arracher les arbres de gland, comme on dit en France, même à la houe et à la hache, le pic, etc., parce que les frais sont couverts par la vente de ces troncs et racines; mais au Brésil, par exemple, où le bois, dans la plupart des lieux, ne vaut pas même la peine de le mettre en charbon ou de le réduire en cendres pour faire de la potasse, à cause de la chèreté de la main-d'œuvre et des difficultés de transport, le cultivateur, qui déracinerait les arbres des bois vierges au lieu de les laisser pourrir sur place, se ruinerait inévitablement, car la houe, le pic, la hache donnent trop de travail, et l'extirpateur ne sert que pour les petits arbres qui ne demandent la force que de 2, 4, 6, 8 ou dix bœufs; mais quelle est la puissance qu'il faudrait donner à un extirpateur pour arracher, par exemple, un saponcaïa, un copal, un ouroucourana, un sapoucaïa de trois mètres seulement de circonférence dont les racines pivotantes s'enfoncent en terre de cinq et six mètres, et dont les racines latérales s'étendent à de grandes distances? Ce sera bien pis quand il faudra arracher un cèdre odorant, un jaquétiba, un peiroba, dont quelques-uns ont des circonférences de huit et dix mètres, et des racines latérales de la grosseur d'une pipe portugaise et de trente mètres de long!

J'entre dans tous ces détails pour éviter, aux nouveaux arrivants qui veulent entrer dans l'agriculture, les écoles que font tant d'entre eux; le plus grand nombre n'est même pas agriculteur en Europe, et le petit nombre qui l'est, n'a généralement pas les moyens pécuniaires nécessaires; les premiers ne connaissent l'agriculture d'Europe que par ouï dire, par la lecture de livres, les uns bons, les autres erronés, et n'ont pas la moindre idée de la conduite qu'il faut tenir sous les tropiques, encore moins des difficultés des lieux; ils vont avec cette assurance que donne quelquefois la capacité et toujours l'ignorance des choses; l'instruction littéraire et les facultés intellectuelles de beaucoup d'entr'eux ne leur laissent même pas lieu de croire qu'ils peuvent se tromper. Je ne puis trop leur recommander de se disposer à modifier leurs idées, d'aller en tâtonnant, et de ne pas imiter cet aventurier, spirituel, présomptueux et malheureux qui, quand on lui donnait des conseils, répondait « qu'il ne venait pas au Brésil pour » apprendre, mais bien pour enseigner; » et qui, par des écoles réitérées, a fini par se discréditer et tomber dans la misère.

ARTICLE II

EXPLOITATION DES JACHÈRES
en plantes herbacées ou arbustes.

L'exploitation des jachères en plantes herbacées ou arbustes se fait d'abord en coupant toutes les plantes le plus rase-terre possible, soit avec la petite serpe à demi manche, qu'on tient d'une main, soit avec la grande serpe à long manche qu'on manie des deux mains, suivant que la jachère est une plante herbacée et basse ou bien qu'elle se trouve en arbrisseaux ligneux. On a le soin de faire cette opération dans le temps sec, qui varie suivant la latitude, mais qui ordinairement est avant les équinoxes, époques où l'on plante ; et quand on voit que l'abattis est bien sec, on choisit un beau jour de soleil et orageux qui menace déjà de la pluie ; on attend l'heure entre dix heures et midi, qui est constamment celle où le feu prend le mieux, on commence à mettre le feu sous le vent, c'est-à-dire du côté opposé à celui d'où vient le vent, pour éviter autant que possible que l'incendie ne s'étende hors de l'abattis, et même quand on craint cet inconvénient, on doit faire tout au tour un chemin assez large et ne mettre le feu que quand il ne vente pas, même à la brune; après avoir commencé à mettre le feu sous le vent, plusieurs personnes, armées de torches, entrent dans l'abattis et mettent le feu en courant dans les lieux où il y a le plus d'herbes sèches, tandis que deux autres suivent lentement le périmètre afin de ne pas entourer par les flammes les personnes qui sont dans le milieu. Il faut encore avoir la précaution de choisir pour les personnes qui entrent dans l'abattis, les jeunes gens les plus lestes et les plus intelligents, qui ne se laissent pas prendre par le feu, et ce qui arrive quelquefois quand on met le feu au vent et au pied du morne.

Le propriétaire ou l'administrateur doivent être présents avec tout le reste des hommes de l'habitation afin d'être prêts à tout événement imprévu.

Lorsque le feu n'a pas bien nettoyé le terrain, on réunit de nouveau en tas les débris des végétaux, on les brûle, mais quand ils ne sont pas bien secs et que la pluie prend, que la saison s'avance, on plante entre ces tas, et le plus promptement possible, avant que les herbes sauvages aient le temps de naître.

Lorsqu'on se sert de la charrue, il faut commencer par nettoyer parfaitement le terrain de racines, de troncs d'arbres et de branchages, ainsi que de pierres ; mais quand on se sert de la serpe grande ou petite, ce qui est l'usage général au Brésil, on plante à plat, semant à la petite bêche, ou en piquet, quand le sol est couvert de pierres.

ARTICLE III

EXPLOITATION DES GRANDES JACHÈRES
en bois blanc.

L'exploitation des grandes jachères se fait de la même manière que celles en plantes herbacées, avec la différence que l'on doit nettoyer d'abord avec la grande serpe et abattre à la hache les arbres trop gros ; mais dans ces terres, comme on ne peut pas planter à la charrue, qui ne pourrait fonctionner à cause des troncs et des racines qui seraient trop coûteux à dégager, on se contente de planter et de semer à la bêche et au piquet.

ARTICLE IV

EXPLOITATION DES BOIS VIERGES.

Certaines personnes nettoient les bois vierges très proprement avec la grande serpe, abattent les arbres, et quand le tout est bien sec, après deux ou trois mois, y mettent le feu; cette méthode, qui est généralement suivie, parce qu'on gagne deux ou trois ans lorsque l'on brûle bien, n'est cependant pas la meilleure à suivre dans beaucoup de circonstances, et tous les auteurs la blâment, parce qu'elle fait une horrible destruction des matériaux; mais à cela près, elle est plus expéditive et économique.

Tout le monde convient que la meilleure manière d'exploiter les bois vierges est de commencer à nettoyer à la serpe à long manche, puis à abattre tous les bois blancs, ou sans valeur, on continue à abattre les bois de charpente et de marqueterie, on débite ceux à planches, à charbon, on fait de la cendre avec les branchages et les bois blancs, et de la potasse de cette cendre; quand le terrain est bien dégarni, que les nouvelles renaissances, qui sont toujours d'espèces différentes de celles des arbres que l'on a abattus, sont parvenues à l'âge de trois ou quatre ans, on les traite comme les jachères de plantes herbacées, et l'on obtient de superbes récoltes de vivres, même beaucoup plus considérables que celles venues dans les bois vierges brûlés de prime-abord, et plantés de suite, comme j'en ai fait l'expérience avec minutie.

Mais cette manière ne peut être mise en pratique au Brésil que près des grandes villes, des rivières ou canaux, qui donnent de la valeur aux matériaux de ces bois vierges partout ailleurs, et surtout dans les lieux de montagne et éloignés des populations ou voies de communication. Ces bois de charpente, de marqueterie, à planches, à charbon, à potasse, ne payent pas la main-d'œuvre, qui est excessivement chère. Ils ne peuvent servir que pour les usages de la maison, qui se bornent à peu de chose, tandis que la perte du temps et de l'intérêt de l'argent, qui est très élevé, ne compensent pas les accroissements de récoltes en vivres, qui sont encore diminuées par l'accroissement désordonné des plantes sauvages que l'on ne peut maîtriser.

Je dirai que, quand on destine ces bois vierges à être plantés en caféiers, girofliers, cotonniers, etc., et autres arbustes semblables, il faut sacrifier les bois de charpente, etc.; car ces arbustes viennent beaucoup mieux dans les bois vierges nouvellement brûlés, et trois ou quatre récoltes d'avance, qui sont toujours très abondantes, mettent tout de suite un planteur en pied.

Quant à l'abattis en lui-même, il est préférable de louer des hommes libres qui en font leur métier, avec lesquels on traite à marché, suivant l'usage du pays où l'on est, et jamais à la journée ; avec ces hommes, il n'arrive jamais d'accidents, l'ouvrage est moins bien fait, quoique plus promptement, mais vous ne perdez que quelqu'argent ; tandis qu'avec vos esclaves, par leur bêtise ou leur haine, ils tuent toujours quelques-uns de leurs camarades, se tuent eux-mêmes, et souvent la personne qui est à les diriger ; j'en parle pertinemment pour l'avoir échappé plusieurs fois moi-même, malgré mes observations et l'évidence.

Quand on ne trouve pas d'hommes libres, ou qu'ils reviennent à un prix trop élevé, voilà ce qu'il faut faire : On commence par nettoyer bien propre à la serpe à grand manche, puis on choisit, parmi les nègres esclaves ou loués, ceux qui savent manier la hache ; on les met par rang et par couple, chaque couple à grande distance de ses voisins, et l'on a soin que chaque couple soit de frères, de cousins ou beaux-frères, ou bien de la même nation, ou pour le moins compères, afin qu'ils ne puissent pas exercer là leurs vengeances.

Dans la plaine, les arbres sont ordinairement par touffes dont ceux du milieu sont toujours les plus gros et perpendiculaires au sol, tandis que les autres sont penchés vers tous les points de la circonférence de chaque touffe. Tous les arbres de chaque touffe sont aussi liés entre eux à leurs branches par des lianes dont quelques-unes sont très fortes. Les deux abatteurs doivent toujours se tenir près l'un de l'autre, et, quand les arbres sont gros, au même arbre.

Ils commencent par couper jusqu'à moitié ou aux deux tiers, tous les arbres du côté d'une touffe, vers lesquels penche un des arbres du centre de la touffe, et après avoir donné quelques coups de hache du côté opposé, ils abattent tout à fait le grand arbre du centre de la touffe qui, par sa chute, entraîne tous les autres ; mais quand l'arbre est pour tomber, un seul abatteur reste à l'achever, tandis que l'autre reste, à quelques brasses de distance, du côté opposé à la chute présumée, afin de prévenir son camarade quand l'arbre se dispose à tomber, et lui crier très haut : « l'arbre tombe » (*ô pao vai*), afin qu'il puisse se retirer lentement.

On doit aussi avoir la précaution de commencer à couper un arbre du côté où l'on veut qu'il tombe, ou bien que l'on voit que sa pente naturelle doit le faire tomber, de ce côté aussi doit être la plus grande entaille.

L'abatteur avant de donner les derniers

coups, doit couper avec soin toutes les lianes qui pourraient se rencontrer dans sa retraite, et quand l'arbre tombe, il doit se retirer lentement, ayant toujours l'œil sur la tête de l'arbre, afin de l'éviter si elle change de direction, ou bien qu'elle entraîne avec elle des branches d'arbres voisins qui restent en pied et dont il est très difficile de se garder.

Dans la plaine, on peut employer deux, quatre, six et huit abatteurs, et plus, suivant l'étendue de l'abattis; mais, dans la montagne, où les arbres courent, il est prudent de n'employer que deux, tout au plus quatre abatteurs, et encore à de très grandes distances les uns des autres, et constamment en ligne transversale à la pente de la montagne. J'ai eu un noir qui a été mis en pièces à plus de 400 mètres des abatteurs, quoiqu'il fût en côté, mais moins élevé.

Lorsqu'on se trouve surpris par un arbre qui vient avec furie, il faut se jeter derrière le premier tronc d'arbre qu'on trouve et s'y accroupir, car alors l'arbre qui court passe pardessus vous ou bien glisse le long du tronc derrière lequel vous vous trouvez; mais si vous courez, vous êtes mort.

Dans la plaine, on peut abattre dans toutes les directions, pourvu que les abatteurs soient en ligne droite, mais dans la montagne, on ne peut le faire qu'en montant le morne. Il faut aussi faire tomber les arbres blancs, ou qui n'ont aucune valeur parallèlement à la pente du morne, afin qu'ils courent jusqu'à ce qu'ils s'arrêtent d'eux-mêmes; car quand ils tombent en travers de la pente de la montagne, et qu'ensuite les troncs qui les ont retenus viennent à pourir, ils courent et enfouissent sous eux, toutes les plantations et les travailleurs qu'ils rencontrent, comme cela est arrivé à l'une de mes connaissances qui a eu huit noirs tués de cette manière et quatre à cinq blessés par le même arbre.

Les arbres de cœur ou d'œuvres, au contraire, que l'on destine à être équarris, doivent être abattus en travers de la pente du morne, afin d'être retenus par les troncs des arbres déjà abattus, et qu'ils se trouvent par terre à peu près de niveau, ce qui facilite l'équarissage et le sciage.

Si dans la plaine, de couper les arbres à moitié ou aux deux tiers d'un côté, et quelques coups de hache seulement de l'autre, afin de jeter dessus un grand arbre voisin, qui achève de les renverser, abrége beaucoup le travail dans la montagne, cette méthode produit encore une bien plus grande économie de service;

mais comme dans la montagne les arbres ne viennent pas par touffes et se trouvent plus rapprochés les uns des autres, on doit se contenter de couper à moitié tous les petits arbres, et réserver un grand qui se trouve au-dessus pour l'abattre tout-à-fait, de manière à tomber les uns sur les autres déjà à demi-coupés, qui se renversent comme un château de cartes. J'ai eu des Paulistas singulièrement exercés à ce manége, qu'on ne peut trop recommander.

Il faut aussi observer que l'humidité éternelle des bois vierges favorise la croissance d'arbres blancs, comme figuiers, pao-d'alho, les sapoupèmas, etc., dont les racines viennent à fleur de terre et le tronc ne commence qu'à certaine hauteur ; pour abréger l'ouvrage, on est obligé de couper les arbres là où finissent les racines et commence le tronc de cette manière. (Voir la figure.)

ARTICLE V.

EXPLOITATION DES BOIS D'ŒUVRES.

On entend par bois d'œuvres, ceux propres à charbon, à planches, de charpente et de marqueterie.

En France et en Allemagne, presque toutes les forêts ayant été semées de main d'homme, se trouvent à peu près peuplées des mêmes espèces d'arbres, qui sont d'ailleurs en petit nombre d'espèces; et comme on a toujours choisi les espèces utiles au pays, ces espèces se trouvent réunies en masses, ce qui donne une grande facilité pour l'exploitation, et surtout pour employer les machines qui abrégent singulièrement le travail, mais au Brésil les choses sont bien différentes.

Généralement dans toute l'Amérique du sud, boisée, les espèces d'arbres qui ont été semées, par la chute des semences, par les oiseaux, et les animaux y sont innombrables, parce que chaque localité a ses espèces différentes.

Mais partout chaque individu se trouve très éloigné de ses congénères; rarement en trouve-t-on plus de deux ou trois ensemble; les bois de cœur, qui sont comme ailleurs les bons bois, y sont en petit nombre, et dans la montagne. ou dans les plaines sèches éloignées des rivières, tandis que les bois blancs y sont innombrables; parmi ces bois blancs, on trouve quelques cannelliers jaunes et rouges, quelques bois rouges qui peuvent être employés, mais ils sont comme les bois de cœur à de grandes distances les uns des autres, d'où il en résulte que, quand on veut faire une exploitation, on se trouve dans la nécessité de débiter chaque arbre en place, et comme chaque espèce de bois n'est susceptible d'être employée qu'au même ouvrage, quand on veut avoir des bois congénères, ou bien propres aux besoins, il faut aller les chercher à de grandes distances et faire des chemins neufs, souvent pour des bagatelles. Il en résulte aussi que les ouvriers, au lieu d'être, comme en France et en Allemagne, propres seulement à une partie, doivent être universels et conséquemment médiocres. Pour chaque partie, d'ailleurs, il se trouve très peu de bons ouvriers, de sorte qu'on est obligé de ne faire débiter les arbres que grossièrement, les réunir à grands frais, pour ensuite les faire mettre en œuvre par des maîtres, qu'on ne trouve presque que parmi les étrangers, qui demandent des prix fous et souvent perdent l'ouvrage.

Ces difficultés font que tant d'ouvriers ont échoué dans la confection de scieries qui ne sont praticables que sur le bord des fleuves, tandis que les scieries à bras donnent plus de bénéfices, parce qu'il est plus facile de transporter des planches que des bois équarris ou en grume, à moins que ce ne soit des bois de marqueterie qui ont une grande valeur, comme le palissandre.

J'engage donc un propriétaire à ne faire débiter que les arbres d'œuvre qu'il trouvera dans les abattis et dont il aura besoin, mais pour en faire une exploitation régulière, il devra s'adresser à des marchands de bois qui en font métier et savent beaucoup mieux en tirer parti avec leur commis débitant, comme on le fait en France. Cependant, comme la nécessité force souvent à agir, je donnerai ici quelques règles pour équarrir et scier.

Toutes les pièces droites s'équarrissent de la même manière ; avant de les tracer, il faut les mettre à peu près de niveau, essayer avec le cordeau afin d'éviter les tors autant que possible et faire toujours deux lignes parallèles bien droites, équarries à l'aplomb, et après les avoir mis sur le côté on peut, sur les deux autres faces, leur donner de 2 à 5 centimètres de courbe, et quand elles sont finies d'équarrir on les met sur leur courbe et elles se redressent ; mais comme au Brésil la chaleur et l'humidité sont très grandes, il faut toujours donner des dimensions plus fortes quand même on n'équarrirait pas à vive équerre, ce qui, après que les pièces se sont tourmentées et qu'on veut les mettre en œuvre, facilite singulièrement l'ouvrage quand on les blanchit et qu'on les met de grosseur exigée.

Après avoir tracé, on fait des entailles aplomb rapprochées ou éloignées, suivant que le bois est de rebours ou de fil, et l'on a soin de maintenir toujours le même aplomb équarrissant d'avant en arrière afin de voir la face bien droite devant soi.

On fait d'abord sauter les grosses entailles, puis on équarrit à mesure. Mais dans certains bois il faut rapprocher les entailles et équarrir presque à menu pour éviter la fente.

Les bois à planches s'équarrissent comme les bois de charpente, et ensuite on trace les planches ou les plonçons de chaque bout, à la face supérieure, on trace aplomb sur les deux bouts, puis on met la pièce sens dessus dessous avec la précaution de ne pas faire croiser les lignes, et ne pas prendre une ligne pour une autre, ce qui ferait perdre les planches. On doit aussi laisser au centre une espèce de plançon tant pour les bois qui sont roulifs que pour ceux qui ont de la moëlle et avoir par là des plançons de côté plus sains.

Quant aux courbes, elles s'équarrissent différemment des pièces droites. Après les avoir coupées de longueur, on les tourne jusqu'à ce qu'elles aient les cornes en l'air, à chaque bout on met un cordeau qui va de l'un à l'autre bout au milieu, puis on met l'aplomb qui doit tomber, vers le milieu de la courbe, si c'est une pièce ronde, soit au coude, et dans les deux cas au centre de la pièce, puis on marque avec le compas, aux deux bouts et au centre, la grosseur que l'on veut donner à la pièce, traçant ensuite par quatre coups de cordeau on équarrit, puis on couche la courbe que l'on a le soin de mettre de niveau pour équarrir en dedans et en dehors.

Dans les chantiers on se sert d'un échafaud à pieds.

Mais dans les bois vierges où il y a des arbres en pied et beaucoup de bois blancs, il est plus expéditif d'adosser l'échafaud à deux arbres par deux fourches et une traverse sur laquelle on attache deux longues solives qui supportent les pièces à scier (voir la figure ci-contre). Ce qui est très facile et demande peu de monde pour monter, pouvant se servir de moutons ou de chèvres.

Il faut aussi observer que quand on scie des courbes, comme par exemple pour des courbes de ventre d'une roue à cou, il faut prendre seulement les parties du dehors et du dedans et scier avec une scie très étroite, ayant les dents droites d'un côté et ouvertes de l'autre.

Quand on a une situation telle qu'on peut amener avec facilité et avec peu de frais, les arbres en grume près d'un torrent, ou même d'un fort ruisseau ayant une grande chute, il est préférable de faire une scierie à eau ou à vapeur, ou même à bœufs; je donnerai ici la machine à scier, à eau ou à bœufs, ne restant plus à y adapter qu'une machine à vapeur.

Scierie à bœufs (*voir la figure*).

La plate-forme où sont les bœufs est inclinée à l'horizon de manière à ce que les bœufs, qui sont toujours à la même place, la font fuir sous eux et par là mettent en mouvement le pignon armé de son va-et-vient qui fait aller la scie du reste parfaitement, comme pour la scierie à eau ci-dessous. Ce mode de scierie est très en usage en différentes parties de l'Allemagne dans les forêts de pins où, quand on a achevé de débiter les arbres de la scierie, les mêmes bœufs qui l'ont fait aller, la transportent où il y a des arbres en pied.

Scierie à eau sur un torrent.

Cette scierie avec une aussi petite roue à eau en demande beaucoup. Lorsqu'on en a moins, la roue doit être plus grande et à godets, mais il faut alors une chute proportionnelle.

Sur un torrent, on peut aussi mettre une roue à pelles, mais on doit tirer l'eau du torrent, autrement, dans les crues, l'eau enlèverait tout.

ARTICLE VI

BRULIS.

J'ai cru devoir mettre un article à part pour les brûlis, attendu que tous les nouveaux arrivants et tous les auteurs de l'Europe blâment cette méthode, sans laquelle il est presque impossible d'obtenir des récoltes avantageuses dans l'état où se trouve maintenant le Brésil couvert de bois. Je me bornerai seulement à indiquer ce moyen comme indispensable pour les abattis des bois vierges ou de grandes jachères, sans prétendre la donner comme règle pour les vieilles terres où l'on suit le système de culture continue; car je sais très bien qu'elle est nuisible comme le disent les auteurs, parce qu'elle fait toujours de la terre cuite, et que même, quand, pour éviter cet inconvénient, on met les herbes en tas pour les faire brûler et ensuite répandre la cendre, la main d'œuvre que cela donne n'est pas payée par le bénéfice que l'on en tire; tandis qu'en enfouissant les herbes à la charrue, la fermentation que cela produit, donne un meilleur résultat et n'épuise pas tant la terre. Mais dans les bois vierges, on ne craint pas d'épuiser la terre qui pêche par surabondance de fertilité, il faut en profiter, autrement l'ardeur du soleil détruit ce que l'on a voulu conserver.

Généralement le temps le plus favorable pour abattre est mai et juin pour l'hémisphère sud, pour brûler en juillet, août ou septembre, et quelquefois en décembre, pour brûler en janvier, afin de planter aussitôt que le feu a passé, cela dépend des plantes que l'on veut confier à la terre, et du temps dans lequel le soleil a ordinairement le temps d'être clair.

Par le feu, on détruit tous les insectes, leurs œufs, leurs larves, leurs chenilles, les sauterelles et grillons, les reptiles de toute espèce, les poux de bois, les rats grands et petits, les fourmis, toutes les semences des arbres et herbes sauvages, etc., etc. On fait périr tous les arbres grands et petits jusqu'aux racines, qui, au lieu de tirer la force de la terre, servent, par leur cendre et leur pourriture à donner au sol un grand mouvement végétatif. Enfin, je dirai que sans le feu, quelquefois vos récoltes sont détruites dans une nuit, soit par les rats, soit par les insectes, et que, quand le feu nettoie bien le terrain, il reste depuis trois jusqu'à six mois propre, ce qui donne le temps à nos plantations de vivre, de prendre racine et leur donne une telle vigueur qu'elles dominent les plantes sauvages qui les auraient détruites sans cela, car il est impossible de maîtriser la végétation là où le feu n'a pas passé.

Enfin, cette méthode du feu est une nécessité sans laquelle il faut renoncer à la culture, tant dans les abattis de bois vierges que dans une grande partie des grandes jachères. Ce n'est qu'à elle que dans les provinces de San-Paulo et des Minas, on doit ces énormes récoltes de maïs et de haricots qui s'y font, tandis qu'aux bords de la mer, où le climat est très humide et où l'on ne peut presque jamais bien brûler, les vivres y sont si précaires.

Un temps viendra cependant où il faudra abandonner en partie cette méthode du feu, ce sera quand l'augmentation de la population aura détruit les bois vierges et que l'on pourra travailler à la charrue et suivre le système de culture continue; alors aussi, on ne travaillera plus pour le profit, mais seulement pour se nourrir et se vêtir, comme on le fait en Europe maintenant.

DÉFRICHEMENT DES LANDES.

Le défrichement des landes vient naturellement après celui des jachères, à la différence que les jachères sont des terres incultes qui autrefois, dans un temps plus ou moins reculé, ont été défrichées et qui ont encore des signes de culture, tandis que les landes proprement dites sont des terres en quelque sorte vierges, et qui n'ont jamais subi le travail de l'homme, ou pour le moins l'ont subi dans un temps très reculé, ou bien ont été réduites à l'état où elles se trouvent par les animaux qui les ont dévastés en s'en servant comme de pâturages.

La classe des landes qui ont déjà été cultivées rentre dans la série des jachères, suivant qu'elles sont en bois ou plantes basses, et alors il faut recourir aux articles ci-dessus qui en traitent; quant aux landes proprement dites ou vierges, qui dans les différents pays portent des noms différents, il faut distinguer : en Amérique du Nord, les atacapas et apelouças entre les fleuves du Mississipi et Missouri, les montagnes Rocheuses à l'ouest du golfe du Mexique, que généralement on appelle prairies parce qu'elles sont couvertes d'herbes propres à la nourriture des bestiaux et très susceptibles de culture; en Russie, les steppes; en Amérique Méridionale, les pampas des bords du Paraguay et de la Patagonie, au sud de Buenos-Ayres; et enfin, en Europe, comme en Prusse dans les sables du Brandebourg, ou bien en Gascogne entre la Garonne et les Pyrénées, enfin en Bretagne entre la Manche et le golfe de Gascogne.

Je ne parlerai ici que des landes de Bretagne qui peuvent servir de modèles à toutes les autres landes.

Les landes de Bretagne donnent en général partout des signes d'une ancienne culture, même longtemps avant la conquête des Romains, car on trouve des forts carrés comme dans l'Indiana de l'Amérique du Nord, des débris de temples de druides, des pierres érigées avec symétrie comme trophées tels qu'on en trouve encore dans l'Inde. On y trouve aussi des sillons à céréales et des planches à vignes, mais généralement ces terres sont couvertes de bruyères et d'ajoncs ou joncs, mais de différentes espèces. Il s'y trouve aussi une petite espèce de chêne à feuilles velues en dessous et qui ne tombent qu'au printemps, lors de la pousse des nouvelles feuilles; ce chêne a des branches très souples et donne en partie des glands doux qui, étant grillés, peuvent se manger, d'où vient sans doute la légende des premiers hommes qui vivaient de glands, ce qui est possible, car les glands des chênes verts et des chênes-liéges sont aussi mangeables.

Aujourd'hui, en Bretagne, quand on veut défricher une lande on commence par en couper les bruyères, le plus près de terre que l'on peut, avec un instrument qu'on appelle vouge, qu'il faut être habitué à manier, autrement on peut se couper les jambes ; on réunit en sillons les ajoncs et broussailles, puis des travailleurs, armés de pioches, se mettent en lignes, les uns arrachent toutes les racines qu'ils mettent aussi en tas et les autres creusent le terrain jusqu'à trois ou quatre centimètres afin d'enlever toutes les petites racines, que l'on réunit aussitôt qu'elles sont bien sèches et qu'on brûle ; on étend la cendre, puis on laboure avec la charrue, et l'on sème du blé noir ou sarrazin avec des navets, qui aiment beaucoup la cendre ; puis l'année suivante on sème du seigle ou de l'avoine.

On continue la culture tant que la terre est fertile, et quand elle s'épuise, on y sème des pins, sapins, hêtres, châtaigniers ou chênes, ou toute autre espèce d'arbres forestiers.

En Bretagne, où généralement le fond de la terre est argileux, il faut labourer très peu profond afin de ne pas trop mélanger la terre argileuse avec le peu de terre végétale qui existe, et il est aussi préférable de labourer en sillons plus ou moins grands, afin de faciliter l'écoulement des eaux de pluie, car quand le terrain est humide de lui-même il est préférable de cultiver des prés.

Le travail de la houe peut être singulièrement allégé en adaptant à la charrue un soc à oreille ou couteau souterrain qui coupe toutes les racines et la terre à gauche du coûtre qui ouvre la terre ; l'homme qui tient la queue de la charrue ne doit pas faire mordre à plus de trois à quatre centimètres de côté sur trois à quatre centimètres de profondeur, autrement il trouverait une très grande résistance et ne pourrait pas aussi bien diriger sa charrue. Je pense même que cet ouvrage devra être fait par des bœufs, qui vont plus lentement, car à la vapeur, la machine ne pourrait pas être bien dirigée, et l'on doit la réserver pour quand on veut labourer à fond, de trois à cinq décimètres de profondeur, et que l'on veut beaucoup mélanger le terrain avant d'ensemencer.

On peut remplacer ce travail avec la charrue par une houe à cheval ou ratissoire de 50 centimètres de large, dont les tiges sont plus fortes et que l'on ne fait entrer que de trois à quatre centimètres, et l'on y adapte, par derrière, une planche en biais afin de réunir les pellées.

ARTICLE VII

SYSTÈME DE CULTURE CONTINUE EN GRAND.

On entend par système de culture continue celui par lequel un même terrain est annuellement couvert de plantes productives, soit pour la nourriture de l'homme ou des animaux, soit enfin de plantes propres aux manufactures ou aux arts.

Le système de culture continue n'est praticable que dans les plaines, sur les coteaux ou sur les montagnes peu escarpées qui sont dégarnies d'arbres, de troncs, de racines et de pierres, partout où il en existe il faut les enlever, autrement la charrue, qui est le mobile de ce système, ne peut fonctionner.

On sent aussi que le sol, étant constamment en action, fait des pertes considérables de matières nutritives qu'il est nécessaire de réparer, de sorte que toute la science de ce système consiste :

1° A se procurer le plus d'engrais possible pour en couvrir le terrain;

2° A remuer la terre souvent et profondément afin d'avoir toujours de la terre neuve à fournir aux plantes;

3° A ne jamais cultiver deux fois de suite des plantes semblables ou analogues dans le même terrain, mais, au contraire, choisir les plantes les plus éloignées pour se succéder les unes aux autres.

Je donnerai un exemple de ce que j'ai vu, en France, pratiquer à mon père :

1° La première année, il semait du froment, et après qu'il était coupé et séché, il le faisait transporter au magasin pour le battre en hiver. Dès le mois d'août de la coupe, il faisait passer la charrue sur le champ afin d'ouvrir le terrain et y favoriser l'introduction de l'air, de l'eau et de l'acide carbonique, et aussitôt que la terre était devenue molle ou à peu près, il faisait casser les mottes et passer la herse à dents de fer pour amollir encore davantage et unir le terrain, puis il faisait semer des navets qu'il faisait enfouir avec la petite herse à dents de bois, des raves, des choux cavaliers plantés, etc., etc.

Il avait la précaution de faire semer des navets-primes, puis de plus tardifs ou reblex, rutabagas, etc. Enfin il finissait par les choux-navets qui non seulement fournissaient au bétail une abondante nourriture pendant l'hiver, mais quand ces plantes venaient à monter au printemps, il nourrissait le bétail en vert pendant six semaines, seulement avec les tiges coupées par le milieu, dont la partie inférieure était ensuite enfouie en terre avec la charrue.

Dans d'autres lieux, où le terrain était plus propre à cela, on y plantait des choux-cavaliers et des raves, etc.

2° Après que ces récoltes étaient faites, on

couvrait le terrain de fumier ou compost; puis on semait des pommes de terre, des fèves, des pois de toutes espèces, du sarrazin, du petit millet, des lentilles, des betteraves, des jarosses, etc., suivant la qualité du terrain et la saison plus ou moins avancée; et en automne, après avoir fumé et labouré, du trèfle avec de l'orge ou de l'avoine.

3° Quand on n'avait pas pu planter à l'automne précédent du trèfle et de l'orge, on le faisait au printemps suivant, et l'on récoltait toute cette année l'orge et le trèfle quand celui-ci était vigoureux; on le gardait encore pour l'année suivante, mais quand il était épuisé.

4° A la 3e ou à la 4e, en automne, on fumait et on semait du froment d'hiver; de cette manière ce n'était que tous les quatre ou cinq ans, que le même terrain voyait les mêmes récoltes, qui étaient toujours très abondantes.

Au Brésil, on pourrait remplacer cette succession de culture de la manière suivante

Dans les plaines :

1re *Année* : dans les terres fortes et humides du riz avec du maïs, et du palma-christi.

2e *Année* : des cannes à sucre en planches bombées, des haricots et du maïs.

3e *Année* : les mêmes cannes à sucre.

4ᵉ *Année :* les mêmes cannes à sucre quand elles étaient encore vigoureuses.

5ᵉ *Année :* des carats, des patates douces (liseron à tubercule), de l'arrarouta, en sillons.

6ᵉ *Année :* du manioc en sillons élevés avec des haricots nains et quelques maïs.

7ᵉ *Année :* des carats et des haricots nains.

8ᵉ *Année :* pour pâturage, de l'herbe de guinée; du capim nobre, impérial, du gramen à larges feuilles et à feuilles étroites, etc., etc., dont les espèces sont presque innombrables, pour les chevaux et mulets.

Quant aux bœufs et vaches, en peut leur donner des œilletons de canne, surtout créole, des fleurs de maïs, des traces de patates douces ou liserons à tubercules, contenant constamment un espace bien peuplé d'herbes pour les y lâcher quelques heures chaque jour.

9ᵉ *Année :* après toutes ces plantations ou même pendant les dernières années, on pourrait planter du thé, des pois d'Angola, des mangarides, des cacaos, des poivriers, des bananiers, etc. etc.

Quant aux plaines sèches, on doit planter avec la différence de planter en planches moins bombées; mais le manioc doit toujours être planté en sillons pour empêcher la pourriture à laquelle cette plante est très sujette.

Il faut aussi avoir la précaution de toujours planter les cannes, patates, maïs, palma christi, en lignes, à la distance au moins d'un mètre, afin de passer la houe à cheval pour les sarclages, les nettoyer dans les rangs. Quant aux dernières façons à donner aux cannes à sucre afin de les butter, on peut le faire à la charrue, mais il faut que les bœufs ou mulets aient chacun au nez, un morceau de filet à mailles étroites, afin qu'ils ne puissent pas manger les feuilles des plantes.

ARTICLE VIII

CULTURE DES JARDINS.

La culture des jardins, qui est une véritable culture continue avec une bien plus grande variété de culture de plantes est aussi d'une bien plus grande utilité pour la nourriture spéciale de la maison et les agréments, tant de la table, que de la promenade.

Au Brésil, elle devrait être sous la surveillance de la maîtresse de la maison et de ses filles non mariées; non seulement, c'est une occupation très agréable, par le soin des fleurs, des fruits et des légumes de toute espèce, mais encore donne abondamment pour la nourriture, et est d'une très grande ressource dans les campagnes où l'on manquerait de tout sans cela.

Le goût de l'horticulture prend de plus en plus à Rio-Janeiro et doit naturellement s'étendre dans les provinces, surtout pour donner une occupation innocente aux femmes, qui, jusqu'ici, ne s'occupent qu'à se balancer dans leurs hamacs.

La culture des jardins se divise en deux branches, celle des arbres fruitiers et celle des légumes et fleurs. On peut établir ces deux cultures simultanément dans le même local, il suffit que l'espace renfermé soit un peu plus grand.

Généralement toutes les plantes de jardinage, soit herbacées, soit arbustes, réussissent mieux dans la plaine plutôt sableuse qu'argileuse, et spécialement celles des pays tempérés, qui au Brésil ne réussissent que dans le temps sec, qui est le temps froid, et leur offre une température analogue à celle de leur pays depuis avril jusqu'en novembre ; tandis que les plantes de la zône torride réussissent mieux de novembre à mars qui est le temps chaud et pluvieux de l'hémisphère sud.

Comme les plantes des pays tempérés ne viennent que dans le temps sec, il faut arroser, et conséquemment le jardin doit être établi près d'un ruisseau quelconque, il doit aussi être le plus près possible de la maison de demeure, tant pour pouvoir le surveiller des voleurs, qu'afin qu'il soit à la proximité des cours à moutons, à mulets et chevaux, ainsi que celles pour bœufs et vaches ou porcs, afin d'avoir moins d'espace pour transporter le fumier que font ces animaux, ainsi que tous les débris végétaux des maisons et moulins.

On doit choisir autant que possible une localité dont le terrain soit légèrement en pente pour donner écoulement aux eaux de pluies; il doit être partagé par le milieu par une grande allée au moins de deux mètres de large, afin de pouvoir s'y promener et aussi une autre allée de la même largeur tout au tour; l'espace de chaque côté de cette allée du milieu et les allées du tour doit être encore séparé par une ou deux petites allées suivant la grandeur du jardin, mais seulement de 80 centimètres de large ainsi que les allées transversales, pour faciliter le transport partout sans fouler les plantes, et pour faciliter l'écoulement des eaux de pluies.

L'allée du milieu et les allées qui lui sont parallèles, doivent être plantées en arbres fruitiers, laissant à l'allée du milieu une platebande de chaque côté pour y mettre des fleurs;

cependant l'on doit tenir ces arbres fruitiers à basses tiges, autrement ils couvriraient tout le jardin.

Le jardin doit être entouré d'un bon fossé, dont la terre a été jetée du côté du jardin, et l'on doit planter cette jetée de limons, de rosiers multiflores bien taillés, ou même d'aloès (*pithos*), afin qu'aucun animal, surtout les porcs, ne puissent pas y entrer; même près des villes, où il y a plus de voleurs, ils doivent être entourés de murs dont le sommet est couvert de tessons de bouteilles ou autres morceaux de verre.

Une bonne grandeur pour le jardin d'une habitation est 100 mètres de long sur autant de large, quand on veut qu'il serve aussi de verger; et la moitié de large seulement quand on ne veut y cultiver que des plantes herbacées, ce qui donne la forme ci-dessous pour jardin potager. (Voir la figure.)

Quant aux plantes légumineuses des pays tempérés, comme choux, etc., elles doivent être semées de janvier à février ou mars, afin de les transplanter dans ce dernier mois ou celui d'avril, et doivent, dans le semis, être garanties par des branchages jusqu'à ce qu'elles soient nées avec des morceaux de papier piqués en dessus pour effrayer les oiseaux qui les dévorent.

Quant à la culture spéciale de chaque plante potagère, ainsi que pour la taille des arbres fruitiers, je renvoie aux ouvrages qui en traitent, et particulièrement au *Bon Jardinier*, ouvrage pratique français qui a beaucoup de mérite : il est à la portée de tout le monde.

En traitant de cet article, je me suis plutôt proposé de donner le goût des jardins, dont j'ai reconnu, depuis que je suis au Brésil, tout le parti qu'on peut en tirer. Mais il faut toujours se rappeler que, pour la culture des jardins, il faut constamment garder ses meilleurs engrais chauds, comme ceux de moutons, de chevaux ou mulets, de chameaux, etc., et que ces fumiers doivent y être répandus avec profusion, c'est le seul moyen d'obtenir des légumes monstrueux, primeurs et nombreux.

Je dirai aussi que, pour les jardins, le fumier doit être enfoui en terre avec des pelles en fer, de 25 à 35 centimètres de longueur sur 15 à 20 de large, à moins que l'on ne veuille cultiver que des légumes, et alors les cours où l'on fait dormir le bétail sont très propres à cela ; mais il faut en avoir beaucoup afin de pouvoir changer de bétail au moins tous les trois mois, de manière que chaque année on cultive la moitié des cours. C'est une espèce de parcage.

Il faut aussi se rappeler que tous les arbres fruitiers d'Europe, comme pommiers, poiriers, doivent être taillés comme les pêchers en espalier, c'est-à-dire en éventails, les ailes ouvertes du nord au sud, afin que les boutons à fleurs soient frappés par les rayons solaires du levant et du couchant et conséquemment à l'ombre à midi.

ARTICLE IX

INSTRUMENTS ARATOIRES.

Quand on considère avec attention l'énorme quantité d'outils aratoires différents que chaque peuple, chaque province, ou même chaque localité emploie pour faire le même ouvrage, on ne peut sérieusement l'attribuer qu'à la diversité des esprits ou à la confusion des idées. On a voulu chercher la perfection, innover, ce qui est si fréquent dans notre siècle, et ensuite l'amour-propre et l'habitude ont fait croire à chacun que ce qu'il possédait était ce qu'il y avait de plus parfait. Cependant les opérations de l'agriculture sont en très petit nombre, et le même outil peut servir à plusieurs, toute la question se réduit, pour chaque opération, à employer l'outil le plus expéditif, le plus maniable, et celui avec lequel on opère le mieux dans telle ou telle localité.

Toutes les opérations de l'agriculture se bornent à déblayer le sol que l'on veut mettre en culture, des plantes ou des pierres qui le couvrent déjà, nettoyer le terrain pour semer ou planter ; soit simplement en le sarclant, soit en remuant la superficie, ou en creusant la terre ; et, après que le sol est semé ou planté, il ne reste plus qu'à le sarcler ou butter certaines plantes, ou enfin à remuer le terrain pour faire parvenir plus facilement jusqu'aux racines des grands végétaux l'eau, l'air et l'acide carbonique, ainsi que les fumiers végétaux, animaux ou minéraux qu'on y transporte.

J'ai déja dit que le système des jachères était presque obligatoire dans les terres neuves couvertes de bois, et que l'énorme fertilité de ces terres vierges ne demandait pas autre chose que d'être déblayées et mises à nu. Pour cela, il n'est besoin que de la hache, de la grande serpe à demi-manche ou à manche court, de la houe large ou étroite, suivant l'ouvrage que l'on a à faire, de la petite bêche pointue d'un côté et à tête carrée ou à cornes de l'autre, pour semer ou butter, ou soulever la terre sans couper les racines, enfin des piquets pour planter ou semer dans les pierres ou entre les racines. Mais dans ce système il faut une plus grande étendue de terre.

Dans les pays où les bois sont mous et de fil, comme les pins et sapins, la hache large est préférable ; mais au Brésil, où les bois sont généralement très durs et de rebours, la hache étroite, courte et épaisse remplit mieux le but pour abattre, tandis que celle pour équarrir doit être longue, large et pesante, celle pour blanchir, longue, large et légère ; toutes doivent être un peu recourbées vers le manche, de manière à ce que la totalité du coupant porte sur l'entaille de cette manière. (Voyez la figure.)

La hache sert pour abattre les grands arbres, couper les grosses branches et racines ; mais la grande serpe à long manche sert pour couper les petits arbres ou les branchages moins gros que le poignet, enfin les broussailles. Celles que j'ai vues préférables à cet effet, sont les serpes Paulistas, à douilles, de la forme ci-dessous, avec un manche de 1 mètre à 1 m. 50 de long ; elles doivent avoir 30 cent. de long, y compris la douille, sur 20 cent. de large. (Voir la figure.)

La petite serpe à demi-manche a la même forme, mais est du tiers ou moitié plus petite, et peut aussi être armée d'un manche court pour émonder ainsi. (Voir la figure.)

On peut ajouter à tout cela les serpettes pour tailler les arbres fruitiers, la vigne, le caféier, ensuite la faucille pour couper l'herbe, le riz, et la petite scie à main pour scier les branches un peu plus grosses des caféiers, girofliers, etc., et la plus grande faulx pour faucher le foin.

Après les outils tranchants viennent les houes.

La grande houe plate, qui ne sert qu'à planter ou sarcler, doit être un peu plus large du coupant que de l'emmanchure *(figure)*.

La houe longue ou pioche pour creuser, houe de mine *(figure)*.

Il existe encore d'autres houes de mines pointues et à tête carrée *(figure)*.

Et d'autres ont un pic au lieu d'être carrées du côté supérieur.

On peut aussi mettre ici les pics à une branche qui servent de petites pinces pour arracher et soulever les pierres, ainsi que ceux à deux branches plates un peu recourbées pour bêcher les vignes, les caféiers, etc., sans couper les racines *(figure)*.

Ce pic est très bon pour soulever et remuer la terre au pied de tous les arbustes dont on craint de blesser les racines. En France, on s'en sert généralement pour bêcher les vignes, et il réussit très bien au Brésil pour les caféiers, les cacaotiers, cannelliers, girofliers.

Il y a en outre de petites houes à semer et à butter qu'on appelle bêches *(figure)*.

D'autres, au lieu d'être carrées par le haut, ont deux cornes *(figure)*.

Après les houes viennent les rateaux en fer pour couvrir les semences, après qu'elles ont été semées, et sont emmanchés à angle droit (*figure*).

Il y en a d'autres en bois qui sont emmanchés de cette manière pour remuer le foin et autres mêmes plantes *(figure)*.

Il ne reste plus que les fourches en fer et en bois ; de celles en fer, il y en a à deux branches et à trois branches *(figure)*.

Mais celles en bois ne sont qu'à deux branches (*figure*).

Ce petit nombre d'outils n'est sans doute pas le centième de ce qu'il y en a, mais il est très suffisant pour la culture en jachère des bois vierges entre les tropiques ; dans les plaines ou terrains peu en pente, qui sont dégarnis de troncs d'arbres, de racines et de pierres, terrains connus sous le nom de vieilles terres ou plaines natives, il faut un bien plus grand nombre d'outils, et surtout les charrues de toute espèce, qui sont le grand mobile de la culture continue, et dont je vais traiter maintenant.

ARTICLE X

CHARRUES

Quoiqu'il y ait un grand nombre de variétés de charrues, je n'en citerai ici que quatre, dont je donne le dessin, sans donner toutes les proportions de chaque pièce que l'on pourra d'ailleurs tirer de la charrue française.

CHARRUES ROMAINES

La charrue romaine, qui est la plus simple de toutes, au Brésil, pourrait servir dans les plaines natives ou les jachères, que l'on a brûlées pour planter le maïs ou les haricots.

CHARRUES DE HAMBOURG

ou allemande.

La charrue de Hambourg ou allemande est une très bonne machine à laquelle il manque quelques perfectionnements.

Le soc est une simple plaque en fer acérée vers les bords, et évidée dans son milieu pour la rendre plus légère et pour recevoir une tête de piton que traverse une cheville en fer. Ce soc est appliqué sur la semelle qui le garnit entièrement par dessous. Pour parfaite solidité, il y a derrière un prolongement qui appuie contre l'autre et l'enveloppe de trois côtés; du reste, le train où s'applique la latte est comme à la charrue française.

Cette charrue a le défaut de ne pas bien renverser la terre sens dessus dessous, de manière que la terre du fond ne vient pas très bien à la surface, et n'enfouit pas bien le fumier et les semences; ce qui oblige ensuite à passer la herse, du reste, elle est bonne.

CHARRUES A TAUPE ANGLAISE

Cette charrue est utile dans les plaines humides ou même marais, afin de tirer l'eau et d'en faciliter l'écoulement.

DESCRIPTION :

A. Manche ou queue.

B. Rouleau en bois d'environ 20 centim. de diamètre.

C. Annotures en fer pour soutenir la taupe.

D. Taupe, espèce de soc en fer massif, rond, pointu par le bout et d'environ 7 à 10 cent. de diamètre.

E. Couteaux latéraux en saillie sur la taupe pour faciliter l'écoulement.

F. Grand couteau qui fraye un passage à la taupe.

G. Flèche qui unit la taupe à l'avant-train.

H. Chaîne en fer pour le même objet.

I. Pièce verticale pour le même objet.

K. Roue d'attelage.

L. Flèche d'attelage.

Pour que cette charrue produise un grand effet, il faut que la taupe ait au moins 20 centim. de grosseur, afin que le trou qu'elle fait ne se ferme pas de suite ; mais alors il faut qu'elle soit fortement constituée, et elle demande une force considérable.

CHARRUES A LA FRANÇAISE

Quoiqu'en France il y ait une grande variété de charrues suivant les localités de terres fortes en plaines ou de terre légère de coteaux, en général elles ont toutes un air de famille et ne diffèrent pour la plupart que par leur grandeur.

Celle dont je donne le dessin, est celle que j'ai trouvée la plus parfaite, et dont se servait mon père, qui en avait apporté le modèle du Conservatoire.

Le briou ou semelle, à 1 mètre 15 centim. de long sur sept centim. d'épaisseur, doit être plaqué en fer à droite du côté opposé à l'oreille ou versoir.

L'ouverture entre l'oreille et le briou est de 27 centim. mais on peut l'écarter ou la rapprocher à volonté.

Le chevalet a 53 centim. de long aux chevilles et 12 cent. de rentrée de chaque côté, et de 20 cent. à 33 cent. d'élévation.

L'oreille doit aller à 1 cent. 1/2 plus bas que le briou.

La deuxième cheville, qui tient la latte et le briou, doit traverser l'oreille.

Quand on veut faire une rigole ou butter les plantes de côté, au lieu du soc à une oreille, on met celui à deux et on ajoute un second versoir du côté droit, éloignant les versoirs à volonté.

Cette charrue, en changeant la chaîne en fer qui tient la latte au chevalet, et mettant aux différents points, peut aller depuis 24 centim. de profondeur jusqu'à 72 cent.

Il faut aussi observer que le versoir n'est pas, comme à la charrue de Hambourg, une planche droite, il est tourmenté de manière qu'étant penché du côté de la latte près du coûtre, il est au contraire tourné en dehors à son extrémité en B, afin de pouvoir renverser la terre sens dessus dessous et enfouir les herbes et le fumier afin de couvrir les semences.

CHARRUE SEMOIR

Cette charrue ne peut servir que dans les plaines plates ou peu en pente, et où le terrain a peu ou point d'ondulations, il faut en outre que le terrain ait été bien ameubli par un ou deux labours à la charrue qui a enfoui le fumier.

Quand elle n'a que de simples couteaux très rapprochés, elle sert à casser les mottes et à unir le sol, et s'appelle herse; mais quand on adapte de petits socs pour faire des rigoles avec un tonneau percé par derrière, ou une simple dalle pour faire tomber dans les rigoles les semences, elle devient alors ce qu'aujourd'hui on nomme une charrue-semoir.

La grande difficulté est que le tonneau ou l'auge laisse bien régulièrement tomber les graines, ce qui ne peut se faire que par un fond mobile mis en mouvement par un va-et-vient. Il y en a un autre dont le tonneau tourne avec les roues de derrière.

En Europe, sur 1 m. 33 cent. de large, elle a sept socs, et donne des rangs de dix-sept cent. environ de distance, ce qui est suffisant pour le froment, le seigle, l'orge, etc. Mais au Brésil, la plante qui se sème le plus près, c'est le riz, que l'on ne peut pas planter à moins de 33 c., viennent ensuite les haricots à 66 centim. et enfin le maïs et les cannes à 1 mètre, de sorte que pour ne pas avoir une charrue-semoir pour chaque plante, on ôte des socs ; quand on sème du maïs, du riz ou des haricots, il faut que les trous des cases à ensemencer soient percés en conséquence.

Il faut ensuite que par derrière on y ajoute un petit rateau pour combler les rigoles ou simplement une planche.

Celle que je donne ici, dont les cinq socs sont à 33 cent. de distance les uns des autres, sert pour le riz, et, ôtant les deux du devant pour les haricots, ôtant enfin celui du milieu du derrière, il sert pour le maïs, et même en laissant celui du milieu, on peut y semer des haricots nains, mais il faut alors que le tonneau soit à compartiments en dedans *(figure)*.

En adaptant une maille à chaque soc, afin de pousser la terre de côté et d'autre, elle sert à butter les plantes comme le maïs et les cannes, mais il faut alors que la machine soit un peu plus étroite que celle qui a servi à semer.

Il faut observer que les socs se baissent ou s'élèvent à volonté par des chevilles à écrou en fer afin que les socs entrent plus ou moins, à volonté, ce que l'on doit aider en allongeant ou raccourcissant la chaîne qui unit la latte au train.

HOUE A CHEVAL COMPOSÉE

Elle sert à sarcler, chausser ou butter les plantes établies par rangs écartés au moins de 37 à 40 cent. entre eux.

SARCLAGE.

A la monture armée de sa roue, qui tient elle-même à une tige mobile pour l'enlever à volonté, comme aussi pour régler la profondeur du travail, adaptez une tige en fer, terminée par une espèce de ratissoire où de grattoir qui coupe horizontalement en terre et déracine toutes les plantes sur toute la largeur de l'intervalle. Derrière elle, on fixe une autre tige en fer terminée en bas par un petit rateau mobile pour mieux diviser la terre en détachant les herbes et les rassembler sur le sol.

Cet instrument ne laisse de mauvaises herbes que dans les rangs même, où on les détruit à la main ou à la bêche *(figure)*.

La machine, au lieu d'être ovale comme je la représente ici, est préférable par un carré long auquel tient la ratissoire par deux mains de fer.

TOMBEREAU

Le tombereau, qui est une charrette dont la caisse est à bascule, est l'instrument qui est le plus utile dans une habitation. Il sert à charroyer toutes les pierres, le sable, la terre et le fumier. Il est traîné par des bœufs, et alors il doit être à timon, ou bien par des chevaux ou mulets, alors il est à brancard; du reste, la charrette est toujours la même, à deux roues, et la caisse doit être un peu plus étroite du fond que de l'ouverture. Sans le tombereau, il serait très-coûteux de faire tous les nivellements de terre, et surtout les routes macadamisées, qui enlèvent une énorme quantité de pierre *(figure)*.

Les roues ont 1 m. 66 c. de diamètre, la bascule est en *aa*, et en *bb* toute la mortaise et le tenon qui retiennent la caisse quand elle est chargée.

BROUETTE

La brouette est en petit ce que le tombereau est en grand, avec la différence qu'au lieu d'avoir deux roues, elle n'en a qu'une, et qu'elle est conduite par un homme. C'est l'instrument des maçons, des jardiniers, et dans l'art militaire, des pionniers, qui s'en servent pour le nivellement des glacis et des parapets.

Elle a en tout 1 m. 66 c. de long, dont 66 cent. de caisse en longueur, sur 48 centimètres de largeur ; les deux planches du devant et du derrière sont prises aux côtés par deux tenons et sont emmanchées en biais; elle doit être plus large de l'ouverture que du fond, pour donner la facilité de la verser *(figure)*.

CHARRETTE FRANÇAISE

à deux roues

Elle est à timon ou bien à brancard, suivant qu'on veut s'en servir pour des bœufs, ou pour des chevaux ou mulets; elle a deux roues assez ordinairement de 1 m. 66 c. de diamètre, elle a douze jantes et douze rayons, le moyeu a jusqu'à 33 cent. de diamètre sur 38 cent. de long, le gros bout, sept centim., et le petit bout, 12 cent. sur 20 cent. de grosseur au gros bout et 15 c. au petit bout; l'équanteur est tel qu'une ligne qui passe par deux lignes opposées doit tomber là où finit le fort du moyeu et où commence le petit bout. Quand on veut charger des pipes ou autres gros fardeaux, elle doit avoir un petit cabestan à l'avant, au-dessus du timon. Quant aux jantes, elles doivent avoir dix cent. de largeur sur sept cent. d'épaisseur ; comme elles s'emmanchent de bout à bout, on doit y mettre un goujon de l'une à l'autre pour éviter la fuite. L'essieu est préférable en fer qu'en bois ; cependant, au Brésil, l'ipè ou bien le massataouba ou le cabriüla sont très-bons *(figure)*.

CHARRETTE ALLEMANDE

à quatre roues.

La charrette allemande à quatre roues, dont on se sert dans tout le nord de l'Europe, est très propre pour le Brésil où il n'y a presque pas de chemins ; elle passe partout, dans les lieux même les plus vaseux à cause de sa légèreté. Elle n'a d'inconvénient que de verser facilement et de demander un grand espace pour tourner ; mais on remédie à cet inconvénient en faisant les quatre roues de même grandeur laissant à l'arrière une mortaise pour recevoir le timon (*figure*).

Les côtés sont emmanchés comme une échelle, à la seule différence que l'un des côtés doit être un peu courbé.

La seule difficulté qui existe dans cette charrette, consiste dans les roues : elles ont un mètre 5 centim. de diamètre en tout, savoir :

15 centimètres de moyeu, 70 centimètres de jantes apparentes et 10 centimètres pour les deux jantes dont la largeur est de sept centim. Le moyeu à 38 centimètres de long, savoir : 7 centim. du gros bout, 15 centim. du fort du moyeu et 12 centim. du petit bout, ayant 12 centimètres au gros bout et dix seulement au petit bout, de cette forme (*figure*).

L'équanteur est comme je l'ai marqué ici par des points comme à la roue française.

CHARRETTE

à charger les bois en grume.

Cette charrette n'est composée que de deux trains que l'on réunit à volonté par une pièce de bois d'une longueur à volonté et de la grosseur dont on a besoin. Les roues doivent avoir au moins trois mètres de diamètre, l'essieu 33 cent. de grosseur, les jantes de 15 à 20 cent. de large sur sept à dix centim. d'épaisseur; elle a quatre roues et un timon, lui mettant jusqu'à douze et dix-huit bœufs ou chevaux, suivant la masse que l'on a à transporter. La pièce en grume au lieu d'être chargée dessus ces trains, est pendue en dessous par des chaînes en fer la suspendant, soit par des crics, soit par des cabestans.

ECHELLE

Elle doit être plus étroite du haut que du bas et les barreaux doivent être à 25 centim. les uns des autres. On perce d'abord un arbre de bois léger que l'on scie par le milieu et les barreaux sont retenus par des coins.

OBSERVATIONS

Quand on a en France des fardeaux à suspendre, comme bois de charpente ou pierre, on se sert de chèvres et de cabestans à roues, de système de rouages qui vont des plus petits aux plus grands. Mais comme au Brésil on n'a jamais de grands poids à enlever, ce qu'il y a de plus expéditif, ce sont les montants à doubles roulettes qui se transportent facilement et dont on suspend le plus petit à une cheville que l'on fait traverser un cocotier appelé paty, bien mûr, et qui après que l'ouvrage est fini, sert encore à faire des lattes pour couvrir les maisons ou faire les parois.

ARTICLE XI

MACHINES

BALANCIER OU MONJOLO

Le balancier est la plus simple des machines,

il sert à piler la plupart des graines que l'on veut simplement monder; c'est la machine la plus répandue au Brésil, qui demande le moins de soins et marche avec tout courant d'eau, pourvu qu'il y ait 2 mètres de chute.

J'en ai deux et je me propose d'en faire deux autres, dont chacune prépare jusqu'à douze sacs de café par jour sans compter la nuit, où les fortes eaux opèrent jusqu'à trente-deux sacs par vingt-quatre heures (*figure*).

Il pile aussi très bien le riz et monde merveilleusement le maïs pour ensuite le réduire en farine avec un moulin à meule.

Il sert aussi à faire des briques et carreaux au mouton.

L'auge a 1 mètre 51 centim. de longueur dont 66 centim. d'échancrure en dessous de *d* en *e*, elle a 50 centimètres de large sur 38 cent. de profondeur de dehors en dehors.

De l'angle à l'échancrure du balancier, il y a 1 mètre 53 centimètres environ et la partie du timon de l'auge au balancier a 30 centim. d'épaisseur sur 20 cent. de largeur.

La partie du timon depuis l'auge jusqu'à la première main a 5 m. 38 cent., de la première main à la deuxième, elle a 1 mètre et 33 centimètres en dehors, ce qui fait sept mètres 71 centim. de long, en tout le timon depuis le balancier jusqu'au bout doit avoir 25 centim. d'épaisseur sur six de largeur.

Le balancier doit être un simple rouleau en bois dur ou en fer sur lequel roule le timon par une échancrure en demi-cercle ; ces deux pièces doivent être entretenues constamment suifrées ; l'oreille *a* ne doit aller qu'à moitié du timon, tandis que l'oreille *b* doit passer dessus.

Chaque main a de 50 centimètres à 66 centimètres de long sur 15 centim. carrés au timon, et seulement 10 c. au bout qui doit être garni en fer ; on doit observer que l'échancrure formant le balancier ne peut bien s'ajuster qu'en tâtonnant.

MOULIN

à meule à farine de maïs et riz.

Ces petits moulins à farine apportés du Portugal au Brésil font très peu de farine (un à deux sacs de maïs par nuit), mais sont tout ce qu'il faut pour une habitation, et quand on a l'attention de monder le maïs dans le Mujolo ; puis ensuite faisant sécher la farine à l'étuve, on a de superbe farine qui est très blanche lorsqu'elle vient de maïs blanc, le son restant pour les porcs.

Ce moulin n'a besoin que de 2 m. à 3 m. 33 c

de chute, de 80 à 100 kilogrammes d'eau par minute, son arbre vertical ne demande que 29 cent. de diamètre en ipè, sapoueaïa ou couticaïu; les meules sont en haut et la plate-forme est rayonnée par des planches qui forment de petites cases contre lesquelles frappe le courant qui fait aller la machine ainsi (*figure*).

MACHINES A PILER

Outre le balancier il y a aussi différentes machines plus compliquées pour piler le café, le maïs, le riz, etc. Ces machines peuvent être mises en mouvement par l'eau qui est le moteur à meilleur marché, par la vapeur ou les animaux.

On distingue entre ces machines, celles à leviers qui sont les plus anciennes et celles à vis continues, à marteaux, qui ne font que de disparaître et sont très ingénieuses; ces dernières sont peut-être l'acheminement à la machine perpétuelle que l'on cherche vainement et dont la vis de Sauvage est le chemin.

Je me contente d'indiquer ces machines que tous les ouvriers savent faire, et d'indiquer aux maîtres que les mortiers doivent être percés en bois de bout qui s'use moins que le bois en travers même, en mettant des caisses au fond.

MACHINES A ROUES A EAU

Quoique le lieu véritable de donner les proportions d'une machine à eau soit dans les ouvrages de mécanique pratique, comme de nos jours au Brésil, les sciences mathématiques sont très peu propagées, et que d'ailleurs les machines qui s'établissent au Brésil sont encore dans l'enfance et généralement très mal faites, que je ne connais, pas même en Europe, d'ouvrages qui traitent des machines nécessaires à tous les planteurs, je donne ici les proportions d'une machine que je viens de faire établir, qui est la correction de bien d'autres que j'ai vues et que je trouve assez bonne.

Les roues à eau sont de deux sortes, celles à palettes que l'on établit dans les lieux où il y a de grands courants d'eau et peu de chute, et celles à godets dont on se sert dans les lieux où il y a peu d'eau et de grandes chutes.

Tous les ingénieurs savent que de la grandeur des roues à eau dépend la masse d'eau dont on peut disposer et en même temps des forces dont on a besoin pour la machine que l'on veut établir; et tous ceux qui sont véritablement ingénieurs, savent calculer ces proportions; ici je n'écris donc pas pour eux, mais bien pour les manouvriers ou les curieux, qui sans rien entendre à la mécanique, veulent établir les machines dont ils ont besoin.

La machine dont je donne ici le dessin et les proportions a été faite, d'un côté, pour moudre les cannes à sucre, et en même temps, faire aller une poulie qui peut mettre en mouvement un ventilateur, une grage, un blutoir à lustrer le café, ou à farine de froment ou de maïs, même un cylindre à faire sécher la farine de manioc, ou toute autre machine semblable, jusqu'à un tour. De l'autre côté, avec ces mêmes machines à poulies, elle fait aller une grande roue d'engrenage qui, en dessous, met en mouvement une ou deux meules qui roulent dans une auge circulaire et peuvent, non-seulement gruger le café cueilli rouge, mais aussi celui séché dans les arbres après qu'il a été mis à tremper, mais encore peuvent le piler quand il est sec, et enfin le lustrer après qu'il a été pilé et vanné une première fois.

Cette machine sert aussi à piler le riz, à dégager le maïs de son épi, à piler les briques pour faire du ciment, ou toute autre matière que l'on veut réduire en poussière fine, etc.

J'aurais sans doute pu donner à la roue à eau 9 mètres 66 cent. de diamètre ou plus, mais comme la force de 8 mètres de diamètre m'était plus que suffisante, j'ai donné cette proportion, qui me donne soixante-douze godets, de pied en pied, dont trente-six de chaque côté ; en faisant tomber l'eau dans le troisième godet du haut et déduisant ainsi les deux godets du bas, il en reste trente-deux qui travaillent deux par deux depuis 1 mètre environ de distance de la ligne perpendiculaire qui passe par le centre de gravité, jusqu'à 1 mètre 66 cent. environ de la même ligne.

J'ai donné aux planches courbes qui retiennent les godets la dimension de 3 centimètres d'épaisseur et 33 centimètres de hauteur ; et comme elles sont clouées sur les courbes de ventre, dans une rainure de 5 centimètres sur 3 centimètres, il reste 3 mètres 40 centimètres pour le grand diamètre des courbes de ventre, et 24 centimètres pour la largeur des godets.

Les godets ont 55 centimètres de long et sont à bosses; savoir, 13 centimètres pour chaque bosse du haut et du bas, et 33 centimètres pour le milieu, ainsi : (Voir la figure).

Ils ont 5 cent. d'épaisseur aux bosses, et 2 centimètres et demi seulement au milieu.

Ils sont serrés entre les planches courbes par des boulons en fer qui passent au travers en I et sont de deux en deux godets, celui du milieu étant une simple cheville en bois. L'ouvrier qui perce les planches courbes doit avoir l'attention de le faire de manière à ce que l'extrémité supérieure du godet soit au moins de 3 centimètres et demi à 5 cent. de distance de l'extrémité de la planche courbe, afin que quand le godet se remplit, l'eau tombe de godet en godet et ne verse pas par-dessus les planches courbes de côté ; il faut aussi avoir une singulière attention à ce que les godets soient très justes avec les planches courbes et la courbe de ventre, afin de ne pas perdre d'eau, et à toutes les jointures il doit y avoir une lanière en toile goudronnée.

Tous les bouts des planches courbes doivent être boufetés seulement de 2 cent. à 2 cent. et demi, et de chaque côté de la boufeture il doit y avoir un boulon, afin qu'elles ne puissent pas jouer.

Quant aux courbes de ventre, elles doivent être prises les unes dans les autres par enfourchement et chevilles à tir ayant, d'après ce que j'ai dit plus haut, 33 cent. de large ; elles doivent avoir de 10 cent. à 12 cent. d'épaisseur, et tenir aux bras par une mortaise de 10 cent. que traverse une cheville en bon bois de 2 c. et demi de grosseur au moins, c'est-à-dire semblables aux chevilles qui tiennent les courbes.

Il faut aussi observer que la tête du bras doit entrer dans la courbe du ventre, dans toute sa largeur, mais seulement d'un demi-pouce afin de soulager le tenon.

On doit, autant que possible, former la roue avec six courbes de ventre, tout au plus sept, afin qu'elle ait plus de force. Le bois qui convient le mieux est le cèdre odorant venu sur les pierres, tant parce que ce bois est incorruptible à l'eau que parce qu'il a plus de force ; les courbes des côtés doivent être, autant que possible, du même bois ; et à défaut de l'ouroucourana, qui donne beaucoup de courbes, mais qui ne dure que quinze ans. Quant aux godets, le bois préférable est le cajarana du petit, tant parce qu'il est incorruptible à l'eau, que parce qu'il est très facile à travailler, le cèdre, le boncouïbussu, le *conticaon*, le *gouacaïta*, viennent ensuite mais coûtent à travailler.

Il y a trois bras, dont un droit et deux courbes, qui traversent l'arbre de tiers en tiers ; à l'arbre, les bras ont 33 cent. de large sur 10 cent. d'épaisseur, sont pris dans le centre de l'arbre de 5 cent. en 5 centimètres les uns dans les autres ; et comme les deux bras courbes ont 10 centimètres de courbure, qu'ils passent sur l'arbre de 5 centimètres, il en résulte que les trois lignes du milieu coïncident bien ensemble, et que les trois bras sont tenus par une seule cheville, qui traverse l'arbre, les autres chevilles n'allant que de la superficie de l'arbre aux parties des bras qui sont dans l'intérieur de l'arbre (*figure*).

A, centre du bras courbe, *à* 5 cent., *B*, et qui se trouve à 15 cent. au bras droit.

L'arbre a 4 m. 33 cent. de long sur 54 cent. d'équarrissage et a six faces ; il doit être en ipè, conticaën, sapoucaïa, peiroba ou autres bons bois de cœur, et supporte de chaquec ôté un rouet, dont l'un a 1 m. 33 cent. de diamètre avec trente-neuf dents qui s'engrénent avec la grande roue d'engrenage, laquelle a 4 m. 33 cent. de diamètre et cent quatorze dents avec six bras ayant dix-neuf dents de l'un à l'autre. Cette roue d'engrenage doit être double, les courbes du dessous ayant 7 c. et demi d'épaisseur et celles du dessus seulement 5 cent., réunies entre elles par des traits de Jupiter. Les mortaises que traversent les dents étant en biais, ont 20 cent. de long et sont tenues par des chevilles en bois à la courbe supérieure ; à l'engrenage elles ont 5 centimètres d'épaisseur, 7 c. 1/2 de long et 7 c. 1/2 de large, la partie qui est en dessus n'a que 2 c. 1/2 d'épaisseur, au gros bout elles sont un peu échancrées.

On adapte à chaque rouet ou pignon des poulies qui font aller une grage ou autre machine à poulie, ainsi que des cylindres à moudre les cannes à sucre.

ARTICLE XII

LAVOIR A CAFÉ

Les lavoirs à café doivent être pratiqués en dehors de la roue à eau, afin que le courant d'eau puisse emporter avec lui les peaux qui ont échappé à la grage, et dissoudre la pulpe qui entoure l'arille du grain de café appelée parchemin.

On doit avoir au moins deux lavoirs : le premier, le plus près de la roue à eau qui reçoit le café gragé, qui est le produit du café cueilli encore rouge au champ, et un second au-dessous de celui qui doit recevoir le café trempé, qui, ayant été cueilli sec dans les arbres ou ramassé par terre, a été gragé dans l'auge circulaire et se trouve dans une pâte formée de peau de la cerise du grain de café, le pulpe et même de terre et de feuilles réduites en bouillie.

Chaque lavoir doit avoir 1 m. 33 cent. de large sur 5 mètres à 6 mètres 66 cent. de long, avec 66 cent. de profondeur et terminé par une porte de 30 centim. de large, à laquelle on met un crible assez serré pour laisser passer l'eau sans laisser fuir le grain de café. Derrière le crible, on met des petites planchettes qui tiennent aux montants par des coulisses, et retiennent l'eau à la hauteur dont on a besoin.

Quant à la séparation des deux cafés, rouge et sec, elle se fait dans un grand vase quelconque, plein d'eau, où on le jette pêle-mêle à mesure qu'il arrive du champ ; le café rouge va au fond et passe à la grage, tandis que le sec, avec les feuilles et les branchages, surnagent et sont portés dans un autre réservoir pour passer à l'auge circulaire après avoir trempé douze heures environ pour ramollir la peau.

Ces deux qualités de café sont très-différentes et d'un prix également différent, car le café gragé rouge a un bien meilleur parfum que celui qui a été trempé.

ETUVES

Il y a deux espèces d'étuves, l'une à sucre à étagères fixes, et l'autre à étagères à bascules pour faire sécher le café, les haricots, le riz, le maïs, etc. Leur grandeur dépend de la quantité des objets que l'on veut faire sécher, mais généralement elles doivent être étroites et très-élevées à cause de la chaleur qui monte toujours et ne s'étend qu'avec difficulté horizontalement. Quelles que soient leurs dimensions, elles doivent être partagées en deux parties dont : l'une où sont les étagères à sécher doit être le double de l'autre, parce que l'escalier où l'on charge s'y trouve, et sert de dépôt momentané aux objets après qu'ils ont été nettoyés en attendant leur expédition.

Il est aussi une autre espèce d'étuve pour le thé, que l'on trouve à cet article.

Pour que chaque personne puisse faire construire une étuve, je vais donner la description de la mienne :

Elle a 9 mètres 33 centimètres de long, sur 6 mètres de large, pris aux fondements ; elle a six piliers, dont deux gros de 79 centimètres d'épaisseur qui soutiennent les axes des étagères à bascules, et quatre autres aux quatre coins de l'édifice. Je leur ai donné la même grosseur jusqu'à la hauteur de trois mètres, et de là jusqu'au sommet, ils n'ont que 50 centimètres ; la hauteur totale est de 9 m. 33 cent. Il est nécessaire que les fondements soient des murs en pierre liés en mortier de chaux ordinaire, ainsi que les murs jusqu'à la hauteur de 2 mètres, sur 50 centimètres d'épaisseur. Quand on a beaucoup de pierres à sa disposition, on fait les murs de 50 cent. d'épaisseur pour les deux premiers mètres, les deux suivants, de 45 cent., les six autres, de 40 cent., et ainsi de suite jusqu'au sommet; mais quand on a des briques, elles remplacent avantageusement les pierres qui, dans ce cas, font seules les fondations.

L'étuve doit avoir deux portes de chacune deux mètres de haut sur un mètre de large, l'une pour entrer où se trouvent le fourneau et les deux étagères, et l'autre à l'escalier pour charger. Les deux parties qui soutiennent les étagères et l'escalier, doivent être séparées par une cloison en planches dans laquelle on pratique des ouvertures dans le genre des sabords d'un navire, afin de pouvoir ouvrir et fermer à volonté quand on veut charger les étagères ou bien laisser sécher. On doit aussi laisser une petite fenêtre qui ouvre à chaque étage de la partie où est l'escalier, de 33 cent. de large sur 66 centimètres de haut, et à la partie où sont les étagères, on laisse de petites ouvertures à chaque étage, de 7 centim. à 10 cent. de large sur 15 à 20 cent. d'élévation qui doivent être constamment avec des vitres fixes ne servant que pour donner du jour.

Les étages de mon étuve à café sont de 50 cent. en 50 centimètres et chacun figure un cadre formé par cinq bras qui appuient sur l'axe et tournent sur un rouleau ; trois de ces bras ont 7 cent. d'épaisseur et les deux autres seulement 5 cent., leur hauteur au centre sur le rouleau, est de 12 cent. et aux extrémités de 7 cent., où ils sont tous joints par une traverse en bon bois. Toutes ces traverses sont liées entre elles, à chaque cornière, par une chaîne en fer au sommet de laquelle il y a un jeu de deux petites poulies, afin de pouvoir élever ou abaisser à volonté les étagères et en même temps faciliter doucement ce mouvement sans choc, qui pourrait détruire les piliers et les murs. Chaque cadre des étagères a 4 mètres de large sur 4 mètres 66 cent. de long dans le sens des bras, ce qui fait qu'il y a environ 33 cent. d'espace tout autour des étagères, afin de faciliter la circulation de la chaleur.

Voir la forme de chaque étagère et de l'anneau en fer qui retient les bras (*figure*).

1. Axe.

2. Rouleau sur lequel tournent les bras.

3. Réunion des bras et traverses où sont adaptées les poulies.

Le bras a 4 mètres 66 centimètres de long sur 7 cent. d'épaisseur, 12 cent. en A et 7 cent. en B, l'échancrure en A est un demi-cercle de 5 cent. de diamètre.

Chaque cadre doit être entouré de trois côtés d'une petite planche de 10 centimètres, afin d'empêcher le café de tomber, et recouvert de petites planchettes de 15 cent. à 20 cent. de large sur 2 centimètres d'épaisseur, en louracachette ou cannelle blanche ou tout autre bois inodore.

Quant au fourneau, il est suffisant qu'il ait 66 cent. de long, formé d'un demi-cylindre de 45 centimètres de diamètre, terminé par une cheminée d'abord en fonte, puis terminée par deux tuyaux en tôle, qui plus ils sont élevés, plus ils ont de tirage.

La porte du fourneau dans la portion du mur a 33 cent. carré, se fermant par une porte à petites fenêtres pour donner de l'air à volonté; il est inutile de dire que le dessous du fourneau est à cendrier *(figure.)*

1. Tuyau en tôle.
2. Id. id.
3. Id. id.
4. Cheminée en fonte.
5. Fourneau en fonte.
6. Extrémité de la cheminée où sort la fumée.
7. Mur.
8. Porte du fourneau en dehors du mur.

Il faut toujours se rappeler que dans les étuves

à café et autres graines, la température ne doit pas dépasser vingt-cinq degrés centigrades, afin de ne pas fondre la *clorofile* qui donne la couleur verte au café, tandis que pour les étuves à sucre on peut porter la chaleur jusqu'à cent degrés.

Une étuve à sucre ne diffère de celle à café qu'en ce que les bras, au lieu d'être mobiles, sont fixes sur les murs, et recouverts de planches de 37 cent. à 45 centimètres d'épaisseur, percées à distance, afin que les formes puissent s'y placer pour faire égoutter le sirop dans les dalles qui l'amènent au réservoir; dans ce dernier cas, les étagères doivent être de mètre en mètre.

GRAGE

La peau et la pulpe du café bâtard, quand elles se sèchent avec la fève dans le café en crocros, donnent un mauvais goût et une mauvaise odeur à la fève qui se trouve enfermée dans son arille appelée parchemin, c'est pour cela que l'on a commencé à les dégager dans des auges circulaires dans lesquelles roulent des meules mises en mouvement, soit par des mulets, soit par des machines à eau et qui servent aussi pour piler et lustrer le café et dégager le maïs de son épi ; piler des briques pour faire du ciment, moudre les olives et les pommes de terre. Plus tard on s'est borné à n'employer cette machine que pour le café mûri dans les arbres et que l'on est obligé de faire tremper pour en dégager la peau, tandis que le café rouge a été soumis à la grage.

On a inventé une foule de grages plus ou moins perfectionnées, qui toutes ne servent que pour le café cueilli rouge ; du moment qu'on a voulu les employer au café trempé, on a perdu ou avarié une grande quantité de fèves.

Pour qu'une grage soit bonne, il faut qu'elle engorge bien, qu'elle soit légère à la main, et qu'elle sépare parfaitement la peau de la fève parchemin.

Comme je ne suis point inventeur de la grage qui est une machine découverte depuis plus de cent ans, je me suis contenté de la perfectionner, et je donne ici le résultat de mes expériences pratiques qui ne laissent presque rien à désirer.

En voici le dessin *(Figure.)*

A. Entonnoir où l'on met le café rouge et où tombe aussi un filet d'eau, soutenu par quatre petits montants liés entre eux par des traverses ; il doit contenir dix à douze alq^{rs} (doub. décal.).

B. Fond mobile de l'entonnoir, penché du

côté du cylindre à 22° environ à l'horizon, il doit être tenu du côté opposé par un cuir tanné qui le serre contre l'entonnoir en *m;* et du côté opposé est aussi un autre cuir qui le tient suspendu et en balant, qu'on serre ou lâche à volonté afin de laisser passer avec régularité le café de l'entonnoir. Ce régulateur doit être bordé de deux côtés par de petites planchettes de 5 centimètres pour empêcher le café et l'eau de tomber ailleurs que dans le couloir C. Ce fond mobile ou régulateur est attaché par le côté en *x* à un petit va-et-vient qui le fait communiquer par une corde en cuir cru avec un autre petit va-et-vient qui se trouve à l'extrémité du cylindre du côté opposé à la poulie ; de cette manière, chaque tour du cylindre donne un petit mouvement au régulateur et facilite la sortie régulière du café de l'entonnoir.

C. Couloir qui conduit le café du régulateur à la machine D.

D. Mâchoire en bois, carrée, de 16 cent. (en ipè, couticaïn ou sapoucaïa) qui tient par des boulons mobiles aux deux traverses et qui peut être éloignée ou rapprochée à volonté du cylindre, elle doit être doublée d'une plaque de fer fondu, concave du côté du cylindre et à rainures triangulaires de 3 centimètres de large chaque, et seulement 1 centimètre et demi de profondeur afin d'empêcher le café de passer trop vite et se bien séparer de la peau, cette partie concave doit être d'un rayon plus grand que celui du cylindre, de manière à ce que la partie où arrive le café soit à 15 millimètres la circonférence du cylindre, tandis que la partie en dessous, là où sortent le grain et la peau, ne soit qu'à 8 millimètres environ, suivant la grosseur du café.

E. Cylindre de 44 centimètres de long sur dix de diamètre, aussi à rainures triangulaires de 15 mill. de long et 17 mill. de profondeur, ce cylindre en bois d'ipè, conticaïen ou sapoucaïa, doit être garni de plaques en fer qui forment les rainures et tiennent au cylindre par de fortes vis à bois, de même que la plaque des mâchoires.

L'arbre de ce cylindre en fer de 45 millimètres carrés doit être terminé, d'un bout par un petit va-et-vient qui communique à celui du régulateur ; et de l'autre côté doit pouvoir partir une poulie de 144 centimètres de diamètre pour une machine à bras, et de 3 cent. seulement pour une machine à eau. Il doit être armé à chaque bout de cinq dents rondes de 6 centimètres de long qui font trembler la bascule, et par suite le crible qui est suspendu au-dessous. Entre l'extrémité de chaque dent et la traverse, il y en a une demi qui, jointe aux 6 cent. de chaque traverse, fait 66 cent. pour la largeur totale de la machine, qui de plus a 2 mètres de long sur 1 mètre 30 cent. de hauteur.

F. Crible tressé en fil de fer et à mailles assez larges pour laisser passer le grain du café et non la peau, environ 5 mill., il a 50 cent. de large sur 1 m. 33 cent. de long et doit être garni d'une petite planche de chaque côté d'au moins 20 cent. pour empêcher la peau de fuir ailleurs que par le bas. Elle doit tenir au cadre de la bascule par deux boulons à crochets (L) près du cylindre (K) et par deux autres boulons longs, du côté opposé; car elle doit être inclinée à 46 degrés à l'horizon (Réaumur).

G. Axe du cadre de la bascule dont le centre est à 50 cent. du centre de l'arbre du cylindre.

H. I. Montants. Les quatre I de 5 cent. d'épaisseur et les quatre H de 5 cent. d'épaisseur 20 cent. de largeur.

Quant aux deux grandes traverses qui supportent le cylindre, les petits montants de l'entonnoir et l'axe de la bascule, ils doivent avoir 2 m. de long sur 33 cent. de large au cylindre et seulement 2 m. 66 cent. sous l'entonnoir et 5 cent. d'épaisseur.

Les mortaises qui tiennent l'axe de la bascule doivent être faites de manière à ce que ladite bascule soit frappée par les dents rondes du cylindre de manière à trembler.

Le cadre de la bascule doit être en bon bois, (ipè, conticaïen ou sapoucaïa.)

Il est une autre grage composée d'un cylindre de 27 cent. de diamètre sur environ 66 cent. de long, tout bosselé avec un poinçon qui est entouré d'un côté par un quart de cylindre en fer, avec quatre couloirs de 6 mill. de profondeur courbés ainsi : (Voir la figure.) Le quart du cylindre ou mâchoire doit être d'un diamètre un peu plus grand que le cylindre à grager qui est aussi très bon; elle a été inventée à Rio par un horloger français ; combinée avec les accessoires de la précédente, elle serait, il est vrai, plus compliquée, mais infiniment meilleure surtout pour le café rouge lavé. Quand j'ai vendu j'en ai laissé une perfectionnée, à laquelle il ne manquait rien, mais elle est dure pour mener à bras d'hommes, et eût été préférable adaptée à un moulin à eau comme je prétendais le faire.

MACHINES INDISPENSABLES A UNE GRANDE EXPLOITATION

CHARRUE A VAPEUR

Je ne donne point les proportions de la charrue à vapeur, tant parce que cette machine étant de nouvelle invention elle n'a point encore acquis, soit en Angleterre, soit en France, la perfection désirable, que parce qu'étant d'un très grand prix et hors de la portée des petites fortunes, il n'y a que le gouvernement ou de grands propriétaires qui peuvent la faire perfectionner. Toute la difficulté d'ailleurs consiste dans la facilité qu'elle doit avoir pour tourner dans un très petit rayon et ne pourra jamais être mise en pratique que sur de grandes étendues de terrain.

MACHINES A COUPER LES CÉRÉALES

ou moissonneuse et machines à faucher le foin.

Au Brésil j'avais fait confectionner une moissonneuse pour le riz, et je me suis appliqué pendant de longues années à la perfectionner ; j'en étais assez satisfait, et je me proposais de la publier en France pour le froment, le seigle, l'orge et l'avoine qui sont moins difficiles que le riz, mais ayant vu à Fouilleuse travailler la moissonneuse perfectionnée, à vis d'Archimède, de MM. Burgett et Key ; j'ai trouvé à cette machine une telle supériorité, que je crois inutile de faire connaître la mienne, car il ne manque à la machine de MM. Burgett et Key que la pratique des bouviers et des chevaux, et je crois ne pouvoir mieux faire que de recommander aux cultivateurs français, de s'adresser à M. Laurent, rue du Château-d'Eau, à Paris, qui, je crois, est chargé par les auteurs de confectionner en France, la machine; elle revient de 1,000 à 1,200 francs.

Il y a une autre machine à faucher la luzerne, le trèfle et autres fourrages qui coûte environ 800 francs et remplit très bien le but.

On trouvera aussi chez ce fabricant, toutes les machines dont je parle dans mon ouvrage.

CHARRETTE

se chargeant toute seule.

Cette charrette est employée plus particulièrement pour charger les fourrages verts, le sarrasin, l'orge et l'avoine, mais n'est pas aussi bonne pour le froment et le seigle dont on veut couper la paille pour les chevaux.

MACHINE A BATTRE LE GRAIN

le riz, les céréales, etc.

Cette machine étant connue de tous les mécaniciens de France, peut se faire confectionner partout, et abrége singulièrement l'ouvrage, de sorte que je n'en donne pas le dessin.

MACHINE A VANNER

ou blutoir.

Il y a deux systèmes, l'un à vent, qui est l'ancien, et l'autre à cylindre qui est le nouveau ; ces deux machines, quand elles sont bien faites, remplissent le but aussi bien l'une que l'autre, mais la première a l'inconvénient de faire une énorme quantité de poussière, qui est sujette à donner des inflammations de poitrine aux ouvriers, tandis que l'autre, étant dans une grande boîte fermée, n'offre pas cet inconvénient; d'ailleurs elle n'expose pas les grains à l'humidité du lieu où l'on opère, ce qui est très bon pour le café.

MACHINE A COUPER LA PAILLE

pour les chevaux.

Il y a beaucoup d'espèces de coupe-paille en grand et en petit, le plus simple est le Polonais, qu'un seul homme fait aller.

HERSE A SEMOIR

La herse à semoir n'est pas autre chose que la herse ordinaire à trois roues, armée de dents de fer à la distance où l'on veut semer les graines dans les rangs, il faut seulement que le terrain soit bien uni ; puis on adapte sur l'essieu des roues de derrière un tambour percé par rangs de trous, à la même distance que les dents entre elles, tandis que dans les rangs les trous sont à la distance entre eux que l'on veut donner aux semences. Les roues en tournant laissent tomber les grains du cylindre, car elles sont fixées avec l'essieu. Il est bon que l'homme qui touche les animaux se tienne en pied sur la herse afin de l'assujettir mieux ; (cette méthode facilite beaucoup les binages.) Derrière il y a une planche qui recouvre les graines.

EXTIRPATEUR

Autrefois pour nettoyer un terrain de toutes ses racines, on employait la houe, la hache et les leviers, ce qui était très coûteux, mais il est plus expéditif de se servir de crics composés à engrenages dont on se sert à bord des bâtiments de guerre pour lever les ancres; le plus long est de bien les assujettir ; avec deux ou quatre hommes et des animaux on fait un travail immense; il n'y a besoin que d'adapter à la machine un fort croc pour saisir les racines.

OBSERVATIONS.

Quand toutes ces machines auront été adoptées en grand, il n'y aura pas de landes ou de bois qui pourront tenir, la population pourra doubler parce que les produits auront suivi la même proportion, et ce ne sera que d'ici à cent ans que le Gouvernement se verra dans la nécessité de forcer le peuple à émigrer. Pour le moment la seule chose qu'il puisse faire est de chasser du pays les condamnés à mort, les galériens et les condamnés à la prison qui, rentrant dans la société, après avoir rempli leur sentence, loin d'être corrigés, sont pis qu'auparavant et pervertissent la population encore honnête. Le Brésil est un exemple de ce système avec lequel la faible nation portugaise a peuplé un si grand empire, à qui il ne manque plus que de bonnes lois et surtout une bonne police.

CHAPITRE IV.

CULTURE SPÉCIALE DES PLANTES SOUS LES TROPIQUES.

La saine culture des plantes doit, avec des frais strictement nécessaires, retirer chaque année d'un terrain donné le plus grand produit possible, de manière à payer l'intérêt de l'argent employé.

Les plantes qui peuvent se cultiver sous les

tropiques se divisent en cinq classes, savoir :

1° Les plantes basses nécessaires à la nourriture de l'homme ou des animaux, tant en grande culture qu'en potager.

2° Les arbres fruitiers qui servent à la nourriture de l'homme ou des animaux.

3° Les plantes propres aux manufactures et aux arts.

4° Les fourrages pour le bétail.

5° Les arbres forestiers.

PLANTES BASSES

nécessaires à la nourriture de l'homme et des animaux.

Les plantes basses nécessaires à la nourriture de l'homme ou des animaux sont : l'arrow-root, l'aubergine, les bananes, les carats, les cannes à sucre, les citrouilles et melons, les ignames, le maïs, les arachides ou pistaches de terre, les haricots, les lentilles, le manioc, le riz, les patates douces ou liserons à tubercules, les patates ou pommes de terre, les petits pois, les fèves, etc., etc., enfin les nombreuses plantes de jardinage, telles que choux, navets, carottes, asperges, artichauts, salades, chicorées, oseilles, et herbes diverses entre lesquelles sont toutes les plantes dont on se sert pour aromatiser les mets. Je citerai aussi le froment, le seigle, l'orge et l'avoine, quoique ces plantes soient plutôt des pays tempérés.

ANANAS

L'ananas est une plante grasse à épines, il y en a de deux espèces avec plusieurs variétés : la première espèce ou abacachis, est je crois indigène d'Afrique, vient en cône tronqué de la longueur de 33 cent. avec autant de circonférence; cette espèce ne vient que dans les parties les plus chaudes du globe, elle est extrêmement parfumée. De l'autre, il y en a de plusieurs variétés, de jaunes, de verts, de violets, de rouges ; ils viennent tous dans les terrains secs, et sont d'autant plus parfumés qu'ils viennent dans les expositions les plus chaudes. Ces plantes viennent en toutes sortes de terre, mais plutôt sableuses, elles ne demandent qu'à être entretenues propres, il faut les préserver surtout des ânes et des cochons.

ARROW-ROOT

L'arrow-root, de la famille des amomées, est une plante dont on retire de la fécule en râpant les racines, comme on le fait pour le manioc, puis lavant en plusieux eaux, passant et faisant sécher au soleil.

Cette plante préfère la plaine sableuse et se cultive en sillons ayant un rang de chaque côté, et quand le sillon est gros on en met trois. Les individus doivent être à la distance de 33 cent. les uns des autres ; cette plante une fois plantée n'a plus besoin que d'être débarrassée des mauvaises herbes. Elle se cueille à un et jusqu'à deux ans, alors on l'arrache, on lave les racines puis on les râpe pour en faire de la fécule.

AUBERGINE

L'aubergine est plutôt une plante de jardinage que de grande culture ; il y en a de deux espèces bonnes à manger : la violette qui vient d'Europe ou de l'Inde, et la rouge incarnat qui vient de la terre des nègres. On la mange avec de la viande ou du poisson ; elle préfère la plaine sèche fortement fumée ou couverte de cendre. On la plante de 33 à 50 cent. de distance suivant la fertilité de la terre. On doit faire de fréquents labours et la tenir toujours propre.

ARACHILDE
ou pistache de terre.

L'arachilde ou pistache de terre (en brésilien Mendoubim), est une plante basse dont il y a plusieurs espèces et variétés.

La petite espèce, indigène d'Amérique, se plante dans la montagne ou la plaine, à 34 cent. de distance et plus on la butte plus elle charge ; elle mûrit dans quelques mois et se plante aux équinoxes, mais ne se mange que rôtie ; on en fait des pralines.

La grande espèce indigène d'Afrique est une plante traçante qui donne des fruits rouges et blancs assez gros, dont les nègres se nourrissent et font de l'huile à brûler et à manger. Elle préfère les plaines de terres fortes et sèches, on la sème par touffes de trois grains, de 15 en 15 cent., mais chaque touffe de mètre en mètre, elle n'a besoin que d'être sarclée et débarrassée des mauvaises herbes ; elle met de six à huit mois à mûrir et ne doit s'arracher que par un temps sec. Il y en a une autre variété originaire d'Afrique dont le fruit est jaune.

BANANIERS

Les bananiers, de la famille des musacées, sont une des plantes qui rapportent le plus et qui donnent le moins de travail, ils préfèrent la plaine et les bords des ruisseaux des montagnes, quelques espèces donnent de si grands régimes que deux personnes ont de la peine à les porter ; et, comme le pied est généralement grêle, aussitôt que le régime paraît, il faut soutenir le pied avec de longues perches croisées, autrement le moindre vent les renverse et quelquefois ils tombent d'eux-mêmes.

On connaît trois espèces bien distinctes de bananiers, et de chaque espèce une foule de variétés qui, presque toutes, doivent être appuyées.

La première espèce ou banane de la terre, ou patraque, se mange crue ou cuite, de toutes les manières, surtout au four ou avec de la viande. Il y en a une autre variété dont le régime est plus petit et la banane plus courte, plus sucrée; et une troisième variété qui ne donne que sept à huit bananes mais très-grandes; cette espèce est indigène d'Amérique; c'est celle que cultivaient les indigènes. Il y en a aussi une variété à fruit violet d'Afrique.

La seconde espèce est celle qu'on nomme figue banane (de Saint-Thomé) ou de paradis, dont la primitive est celle à tige noire d'Afrique, qui donne un petit régime très sucré; il y en a aussi des vertes, des blanches et des jaunes qui est la plus connue. Cette espèce n'a pas besoin d'être appuyée et se mange plutôt crue que cuite, à moins que ce ne soit sur le gril.

Il y en a une troisième espèce appelée Maçan ou pomme, dont il y a plusieurs variétés; la grande violette d'Afrique, la noire jaune dont le régime pend jusqu'à terre, puis les deux variétés de pommes musquées; enfin le bananier de l'Inde ou de Taïti, très prisé, avec le revers de la feuille violette. Quand la peau est presque noire, elle est très goûtée crue ou cuite. Il faut l'appuyer, autrement elle tombe beaucoup; il y en a une autre variété d'Afrique en tire-bouchon.

Il faut observer que toutes les bananes doivent être cueillies encore vertes, afin d'achever de se mûrir à la maison, où elles deviennent plus goûtées.

Toutes les espèces ou variétés de bananiers préfèrent les terres vierges à l'abri des vents et se plantent de rejetons. Non-seulement les régimes, mais encore les tiges, servent à la nourriture des bœufs, chevaux, mulets et porcs, et en cas de nécessité, l'homme peut s'en nourrir. Avec les tiges sèches, on peut faire du papier grossier et du carton.

BROUCOUIA, MARACOUJAS

Ce sont des plantes grimpantes qui s'attachent aux arbres par des vrilles et sont très-propres à couvrir des tonnelles; il y en a de beaucoup d'espèces et de variétés; elles donnent des fruits depuis la grosseur de petits œufs de poules jusqu'à celles des œufs d'oies.

Dans l'intérieur, il y a une pulpe aigrelette qui est fort goûtée et dont on fait d'excellentes confitures, surtout en gelée.

CANNE A SUCRE

La canne à sucre de la famille des graminées est une plante dont on retire beaucoup de sucre et d'eau-de-vie, elle sert aussi à la nourriture de l'homme et des animaux. Au Brésil, les habitants des campagnes se servent du jus pour prendre leur café et leur thé le matin et le soir.

Il en existe plusieurs espèces ou variétés qui sont :

1° La canne créole, ou petite canne, indigène de l'Inde, d'où elle fut apportée en Chypre par les Arabes ; les Portugais la transportèrent à l'île de Madère, et de là, elle s'est répandue dans toute l'Amérique du Sud. Elle aime la terre sèche, même de montagne, elle demande beaucoup de chaleur, est très-douce, donne d'excellent sucre et de bonne eau-de-vie, mais produit si peu, à cause de sa petitesse, qu'on l'abandonne presque partout.

2° La canne violette de Batavia est aussi très-douce, demande une excessive chaleur, fait de très-bonne eau-de-vie, mais choisit la terre, et pour cette raison se cultive peu et pour ainsi dire par curiosité.

3° La grande canne, appelée au Brésil de Cayenne, parce que les Brésiliens l'ont tirée de cet endroit et que les Français ont importée d'Afrique, sa patrie, où elle vient gigantesque et à l'état sauvage, est moins sucrée que les autres, mais elle est plus robuste.

4° Enfin la cannée rubannée, presque semblable à la précédente, quoique un peu plus petite, est très-douce et rend beaucoup; sa culture se répand de plus en plus, elle donne d'ailleurs d'excellents produits.

Hors la petite canne, les autres espèces préfèrent la plaine de terre forte, des marais desséchés, des bords de rivières ou ruisseaux, dont on peut se servir pour irrigation.

La petite espèce se plante de 33 à 45 centimètres de distance, et les grandes espèces, d'un mètre à un mètre et demi, suivant la force de végétation de la terre, et dans des trous de la longueur de trois houes sur une de large, par deux boutures, n'ayant chacune que de trois à cinq yeux, qu'on recouvre de deux à trois pouces de terre. Il faut d'ailleurs que les hommes forts fassent les trous, en quinconce le plus possible, et que les femmes et les enfants mettent deux boutures par chaque trou, ainsi:

(voir la figure) les recouvrant avec le pied; mais quand on plante à la charrue, elle fait ce travail, et il n'y a besoin que d'une seule femme dans une petite charrette, avec couloir, que l'on attache derrière la charrue et qui porte les boutures, la femme n'ayant besoin que de laisser tomber les boutures.

Généralement, toutes préfèrent les terres qui ont déjà deux ou trois cultures, ou pour le moins les terres en jachères. Dans les terres neuves, on ne peut les planter qu'à la houe à cause des troncs d'arbres et racines ou pierres; mais ce n'est que plantées à la charrue et dans les plaines qu'elles peuvent donner de grands bénéfices; plantées à la houe dans les terres neuves, elles doivent être sarclées et buttées au moins tous les trois à six mois, et à chaque fois épaillées. Quand on plante à la charrue par rangs dans les terres marécageuses, il faut les planter en planches, et dans les terres sèches, qu'on arrose, à plat; dans l'un ou l'autre cas, on doit les sarcler à la houe à cheval et tous les mois, ce qui fait profiter singulièrement les cannes.

Les travailleurs n'ont besoin de les nettoyer que dans les rangs, voilà pourquoi dans ce système on doit planter les cannes seules; tout au plus la première fois ou après la première coupe avec des haricots nains, mais on ne doit jamais y planter de maïs, qui, croissant beaucoup, leur fait ombre, et nuit à leur accroissement ; et elles deviennent par là grêles et peu touffues.

Le point véritable pour les couper est quand elles sont en fleurs, ou même peu après la floraison (ce qu'elles ne font pas en dehors des tropiques) ; un mois ou deux après, elles passent et cessent d'être douces ; c'est la raison qui fait que dans les grands ateliers, il faut toujours commencer la roulaison, en coupant d'abord les cannes neuves qui ne se conservent pas autant que les autres.

Il est prudent dans les plaines, de planter par carreaux, en laissant des chemins assez larges et bien propres, entre les uns et les autres, parce que quand, par méchanceté ou stupidité, le feu y prend, on peut l'éteindre plus facilement et du moins ne perd-on qu'une partie de la récolte.

Un mois ou deux avant la récolte, on doit donner la dernière façon de sarclage, buttage et épaillement, surtout hors des tropiques, et pendant ce temps bien nettoyer les cours d'eau, les moulins, vases à fermenter, chaudières, alambics, étuves, pipes à eau-de-vie, etc., etc. ; l'on doit se pourvoir de bois et de tout ce qui peut être nécessaire à la confection du sucre et de l'eau-de-vie; les animaux, équipages et charrettes doivent être prêts.

L'atelier doit être divisé en sections, les unes pour couper les cannes, les mettre en faîte et les charger soit sur des mulets, soit sur charrettes à bœufs, ce qui est préférable, quand cela est possible ; d'autres pour conduire et soigner les animaux, d'autres enfin en relais, c'est-à-dire un qui s'occupe des moulins, des chaudières et alambics de midi à minuit, et un autre de minuit à midi. Le jour où l'on commence la roulaison, on cesse tout autre service jusqu'à la fin de la récolte.

CONFECTION DU SUCRE

Généralement on ne doit moudre les cannes pour faire le sucre, que celles qui sont saines, c'est-à-dire celles qui ne sont attaquées ni des rats ou autres animaux , ni cassées, ni pourries ou avariées de quelque manière que ce soit, et doivent être triées au champ afin d'apporter de suite au moulin celles qui sont saines, les moudre avant la fin de la journée, laisser couler le jus au reposoir, puis dans la chaudière à déféquer et procéder de suite à la clarification pour éviter toute fermentation. Quant aux cannes avariées, on ne doit les apporter au moulin et les moudre qu'après que toutes ces premières opérations sont finies, afin de ne pas faire de mélanges et de pouvoir faire couler le jus dans les vases à fermenter, et les jours suivants faire de l'eau-de-vie. Après celà, on procède au lavage des cylindres, moulin et dalles; et les vases à fermenter qu'après qu'on a distillé leur contenu.

Au Brésil, la manière dont on épure le sucre est très-défectueuse, elle ne consiste qu'à mettre dans une première chaudière avec le jus de canne, une lessive faite avec de la cendre de l'*herbe de Bixo*, qu'on trouve dans les marais, mares ou ruisseaux dormants ; beaucoup ne se servent même pas de reposoirs, encore moins de chausses à filtrer, aussi, le sucre est-il ce qu'il y a de plus sale, et tellement mou qu'il se dissout à la première humidité. Il n'y a qu'un petit nombre de sucriers qui commencent à entendre leurs intérêts et soignent mieux leurs produits, bien qu'ils n'emploient que des chaudières demi-sphériques en plein air.

Je n'entrerai donc pas dans de plus grands détails sur une méthode que tout le monde connaît et qu'on ne peut trop vite abandonner ; je ne parlerai que de la nouvelle méthode qui se perfectionne encore chaque jour avec des machines à vapeur.

Lorsque le jus de canne sort du moulin, il doit se rendre dans un réservoir en bois où il se repose un peu, afin de laisser déposer la terre et le sable qui peuvent se trouver sur les cannes, et, quand on craint la fermentation, on y ajoute 1/400 d'acide sulfurique, puis de là, on conduit le jus dans la chaudière à clarifier ou déféquer, qui doit avoir deux robinets, l'un au fond pour tirer en dernier la fondrille qui va avec les écumes, l'autre à 4 ou 7 centimètres au dessus pour en tirer le vesou clair déjà clarifié, et le porter au reposoir qui doit être recouvert d'une chausse en laine ou gros coton clair pour filtrer.

Lorsqu'on a rempli à peu près la chaudière à déféquer, on doit ajouter au jus ou vesou, un douzième d'eau de chaux de pierre ou marbre qui est du sulfate de chaux et non de la chaux de coquillage, qui est du phosphate de chaux, lequel fait tort au sucre. On chauffe, en remuant de temps en temps, afin de faire monter les écumes; quand on voit qu'elles sont à peu près toutes montées, on les enlève avec soin avec des écumoires, ou continue de chauffer jusqu'à ce que le vesou soit au point d'entrer en ébullition, enlevant toujours les écumes à mesure qu'elles se forment, puis on fait couler au reposoir à filtrer jusqu'au lendemain matin, avec l'attention de décanter la partie claire pour faire le sucre, et de mettre à part le dépôt trouble qui sert pour l'eau-de-vie.

Lorsqu'on ne fait que du sucre brut ou blond, cela suffit; après que le vesou est filtré et reposé il ne reste plus qu'à cuire, mais si l'on veut faire du sucre terré, plus ou moins blanc, après que les écumes de l'eau de chaux ont été enlevées, on doit ajouter au vesou dans la chaudière à déféquer, un mélange de un demi à un kilog. d'alumine en gelée, avec deux ou trois kilog. de noir d'ivoire qui contient du carbonate de chaux, le tout en poudre pour une chaudière qui doit donner 50 kilog. de sucre; l'on ne doit introduire ce mélange que successivement en agitant sans discontinuer jusqu'à ce que le liquide entre en ébullition, alors on éteint le feu, on ôte les écumes, puis on fait écouler dans le filtre, on traite comme plus haut, puis l'on passe aux chaudières à cuire où on le porte à 110° centigrades qui est le point pour cristalliser, d'abord dans un vase quelconque, après on passe dans les formes. Après qu'elles sont remplies, on ne doit les mettre à l'étuve que vingt-quatre heures après; lorsque le sucre est cristallisé, on perce les formes par en bas quelques jours après pour faire écouler le sirop qui peut exister. Quelques jours après encore, on terre ou mieux on verse sur les formes du sirop de sucre blanc fait à froid, on répète deux ou trois fois cette opération, mais de huit en huit jours seulement.

Quand on se sert de terre on doit la laver dans plusieurs eaux, afin de lui ôter toute espèce de mauvais goût ou odeur, il ne reste plus qu'à bien faire sécher à l'étuve et expédier.

Il y a déjà différents sucriers qui commencent à clarifier avec du sous-acétate de plomb, mais comme ce sel vénéneux forme un mélange avec le sucre, il faut ensuite l'en retirer avec de l'hydrogène sulfuré, dont le procédé ne m'est pas connu.

Quel que soit le procédé qu'on emploie pour clarifier le jus de canne ou vesou, lorsqu'il est parvenu au point d'être devenu sirop clair, on procàde à la cuisson définitive qui consiste à le porter à 110° centigrades, et quand on n'a pas de thermomètre, on fait cuire à la main au petit *boulé*, ce qu'il faut apprendre d'un maître.

Une chose très essentielle pour faire de beau sucre en pain, vient de la forme des chaudières à cuire, lesquelles doivent être fermées, à l'abri de l'air et de la vapeur; les meilleures sont celles où l'on fait le vide par le moyen de pompes aspirantes, afin que le sucre bouille à une très basse température sans recevoir le feu du fourneau qui fait beaucoup de sirop incristallisable ; mais ces chaudières demandent de très grands capitaux. Un simple sucrier ne peut avoir des chaudières semblables, qui ne peuvent être employées que dans les rafineries où l'on passe une immense quantité de sucre. D'ailleurs ces machines à vapeur ne peuvent presque pas être employées au Brésil, où les habitations sont très éloignées des villes, et aussi par suite de la stupidité des nègres qu'on emploie, enfin de l'absence presque totale d'ouvriers capables de les raccommoder.

Je conseille donc aux sucriers de se contenter de faire les améliorations que j'ai déjà indiquées; afin de cuire leur sucre dans des chaudières plates, en cuivre, à bascules qui se vident les unes dans les autres ; afin que le sucre n'ait pas le temps de brûler pendant qu'on vide les chaudières, il faut aussi avoir la précaution de diminuer le feu quand on fait cette opération.

Les raisons données plus haut pour les chaudières à vapeur sont les mêmes pour les alambics ; les ordinaires sont préférables au Brésil, il faut seulement y ajouter deux serpentins étamés, et pour faire faire de la liqueur des bains-marie en étain.

Il faut se rappeler que les bagasses sont très bonnes pour chauffer, tant les chaudières à sucre que les alambics, mais il faut que les cannes aient été pressées par des cylindres en fer cannelés, ceux en bois ne pressent pas assez, et ne sèchent pas suffisamment; malgré cela, il faut toujours un peu de bois.

Les cannes à sucre sont mûres quand elles entrent en fleur, ce qui dépend de l'époque à laquelle on plante; sous les tropiques, les meilleures sont celles qu'on plante de janvier, en mars elles fleurissent bien et croissent davantage; celles que l'on plante de juillet à octobre, c'est-à-dire pendant la roulaison et par des œilletons à la charrue, ne *flechent* pas, croissent moins, mais donnent l'occasion de moudre plus longtemps parce qu'elles ne passent pas aussi vite.

Quand on ne fait que de l'eau-de-vie, il est inutile de trier les cannes; le rafinage du sucre est presque la répétition de ce que j'ai dit plus haut, mais le sucre est très supérieur séché en pains à l'étuve. Ce que j'ai dit au sujet de la plantation en janvier n'est que pour l'hémisphère sud, tandis que c'est du mois de mars à juillet pour l'hémisphère nord, comme pour toutes les autres plantes.

CARATS COCOS

ou liserons à tubercules.

Les carats sont une espèce de plante à tubercule, qui grimpe sur les troncs d'arbres à la manière des liserons.

Il y en a de plusieurs espèces ou variétés ; on les confond souvent avec les ignames.

Le carat-coco donne un tubercule de la grosseur de la tête d'un homme et est très farineux, il remplace avantageusement la patate, il donne son fruit sur sa liane ; la feuille est comme celle de la patate douce ou liseron à tubercule, mais plus grande. Il se conserve longtemps au grenier.

Viennent ensuite les carats à peau violette et à peau blanche qui chargent beaucoup en touffes ; ils se conservent en terre d'une année à l'autre, mais ne viennent pas plus gros que les deux poings.

Ces carats se mangent cuits au four sous la cendre, ou bouillis avec de la viande ; réduits en bouillies, ils font d'excellentes marinades et biscuits, en les mêlant avec du riz et de la farine de froment.

Il y en a encore d'Afrique qui donnent de grosses touffes, à racine longue de 33 à 45 centimètres, et de la grosseur du bras ; la pâte est jaune et un peu amère, la liane est épineuse; les nègres en sont très friands.

Cette dernière espèce aime la plaine sableuse, les autres espèces se plantent dans la montagne ou la plaine, où ils sont plus gros quoique moins farineux. On doit choisir pour les planter les pieds des troncs d'arbres où il y a beaucoup de cendre; là il y en a de la première espèce qui atteignent la grosseur d'un décalitre. On peut aussi les planter en buttes dans la plaine ou la montagne.

C'est une des plantes qui rapportent le plus, et qui ne souffre point des intempéries des saisons.

COURGES OU CALEBASSES

(Famille des Cucurbitacées).

Il y a une immensité d'espèces et de variétés de courges, qu'au Brésil on appelle cabassas; ce sont des plantes rampantes qui grimpent partout et produisent beaucoup quand les fruits sont suspendus.

En général, elles servent pour tous les usages de la maison, elles remplacent les plats, assiettes, bols et petites mesures, écuelles, etc.; elles préfèrent les terres sèches vierges où il y a de la cendre.

CITROUILLES

Il y a une très grande quantité d'espèces et variétés de citrouilles, depuis la petite longue, appelée au Brésil Bobara-Menina jusqu'à la grosse citrouille de France, dont quelques-unes viennent de la grosseur d'une demi-pièce de vin. Les grandes espèces ne viennent que dans les jardins à force de fumier et de soins extraordinaires, et surtout de la taille. Le nombre en est trop grand pour que je les cite ici; sous les tropiques on les sème avec le maïs dans les terres vierges nouvellement brûlées, elles servent à la nourriture des hommes, des porcs qu'elles engraissent beaucoup, enfin des mulets, chevaux, bœufs ou vaches qu'en général elles rafraîchissent.

Il est préférable de les apporter à la maison que de les laisser aux champs, où il en pourrit beaucoup qui se perdent, tandis qu'à la maison on les donne aux porcs au fur et à mesure qu'elles se gâtent. Elles sont surtout parfaites pour élever des cochons de lait.

MELONS

Il y a aussi beaucoup d'espèces de melons; ils viennent tous très bien dans les brûlis où ils peuvent grimper, ce qui les empêche de pourrir.

Au Brésil, l'espèce qui réussit le mieux est le melon de Malte, puis les melons d'eau appelés au Brésil Melancies ; on peut aussi y ajouter les gourdes qui doivent être plantées où elles peuvent grimper, et servent beaucoup pour une foule d'ustensiles de la maison.

DOLICOS, HARICOTS ET LENTILLES

(Famille des légumineuses).

Il y a une très grande quantité d'espèces et de variétés de haricots et de dolicos, les uns à rames, d'autres à demi-rames, enfin de nains.

Il y en a de blancs, de noirs, de roux, de roses, de gris, de rouges, de couleur paille, de jaunes, enfin de toutes les nuances.

Ceux à rames ne peuvent guère se planter que dans les jardins ; on distingue : le grand blanc plat de France et le petit blanc ; puis le pois riz et les espèces blanches et rousses d'Afrique, que les nègres appellent mapoisse et les Brésiliens favos.

Viennent ensuite les haricots noirs et fradinhos ou nobles qui peuvent se ramer ou non, et servent dans la grande culture ; ils choisissent la terre.

Enfin les haricots noirs qui n'ont pas d

vrilles ; il y en a de toutes les couleurs, ils préfèrent la plaine, sont plus primés, plus robustes et chargent davantage, bien qu'inférieurs pour la nourriture et conséquemment à la vente ; ils viennent très bien en grande culture et surtout plantés à la charrue.

Les espèces rouges et grises appelées cavallos parce que les chevaux les aiment beaucoup, ainsi que les petits blancs à ombilic rouge sont préférables pour manger en gousses vertes et frits au beurre ou à la graisse, ou même confits au vinaigre comme les cornichons.

Je mets ici les lentilles qui ne viennent pas partout et qui sont très délicates mais nourrissantes. Cette plante est plutôt des pays tempérés que de la zône torride. D'ailleurs, elle se cultive comme les haricots, et les uns et les autres doivent être sarclés et buttés, se plantant de 33 à 66 centimètres de distance, suivant la variété. La paille en est très goûtée du gros bétail en général, ainsi que des moutons et des chèvres.

Tous ces légumes se conservent mieux dans la paille qu'en grains ; mais, comme ce ne peut être que pour de petites quantités, on les bat même au champ, et ils se conservent très bien en barriques recouvertes de cendre ou même de leurs pailles.

L'espèce qui se conserve le mieux est la noire,

laquelle se garde d'une anné à l'autre, et se cultive beaucoup au Brésil; d'ailleurs, elle est très rafraîchissante, mais ne vient pas dans les pays humides.

Il y a aussi une espèce de lentille appelée jarosse qui sert à la nourriture des pigeons, et que les pauvres mettent dans le pain.

DAHLIA OU GEORGINE

Le dahlia est une plante herbacée à tubercules, de la famille des Cynanthérées et originaire du Mexique; la culture en a fait une immense quantité de variétés, divisées en deux familles distinctes.

La beauté des fleurs de cette plante la fait cultiver dans tous les jardins, et chaque jour, par les semis, on en découvre de nouvelles variétés.

Au Mexique, les indigènes pauvres mangent les racines, qui ne sont pas du goût de tout le monde; les animaux, surtout les porcs, en sont très-friands; il faut espérer que par la suite une culture continuelle fera trouver des variétés qui n'auront pas le goût musqué qu'on reproche aux plantes actuelles.

Ces plantes préfèrent les plaines sableuses et sèches et viennent aussi dans la montagne; elles craignent beaucoup l'humidité, et ce que produit le froid en Europe, les pluies le produisent au Brésil, de sorte que pour conserver les espèces, il est prudent de les arracher aussitôt qu'elles sont mûres, afin de les replanter au printemps suivant.

TOPINAMBOURS

Le topinambour est une plante qui a beaucoup d'analogie avec les dahlias, étant de la même famille; ses tubercules ont aussi un fort goût et servent peu à la nourriture de l'homme; mais comme les dahlias, ils sont très-utiles à la nourriture des animaux, surtout des porcs, et sous ce rapport méritent d'être recommandés.

FEVES DE MARAIS

Au Brésil, on appelle fèves les dolicos, les fèves de marais sont une autre plante qui n'a pas de vrilles et vient mieux dans les pays tempérés que sous les tropiques; cependant dans la montagne on peut en cultiver dans les jardins pour manger en vert, en primeur, comme les haricots. Dans les pays tempérés, on les plante à la charrue ou sillons; elles préfèrent une terre forte de marais desséchés.

IGNAMES, MANGARIDES

Les ignames sont de la famille des plantes à fleurs en masques, dont quelques-unes sont venimeuses sous le nom de thaïa et de thagneirao, dont une variété de la première espèce guérit les maladies vénériennes, et la seconde, les blessures de mauvais caractère, surtout celles remplies de vers.

La première donne une grosse racine, la seconde, de la grosseur d'un œuf de poule, la plante est basse, ayant les feuilles en triangle et violettes en dessous.

Les espèces bénignes donnent des tubercules par touffes ; la grande espèce blanche en donne d'assez grosses que l'on confond avec les carats, mais est longue comme celles du carat jaune à épines d'Afrique, la feuille aussi est bonne à manger comme épinards, au Brésil Caloulou. Vient ensuite l'espèce moyenne à tubercules jaunes, qui n'est pas du goût de tout le monde; puis enfin la mangaride, très délicate comme la patate de Chine; elle donne de petits tubercules réunis en masse de vingt à trente. Ces végétaux se plantent partout et donnent en abondance.

MAÏS

Il y a plusieurs espèces et variétés de maïs, particulièrement de jaunes, de violets et de blancs.

En général, les variétés jaunes sont plus petites, plus primes et plus sucrées; elles viennent dans le morne et la plaine, quelques-unes à grains plats chargent beaucoup et sont moins attaquées des oiseaux; certaines variétés peuvent se semer deux fois l'an, aux équinoxes; tels en France comme le maïs quarantin, et au Brésil le maïs catette; on les sème seuls de mètre en mètre avec des haricots ou du riz de deux en deux mètres. Suivant la fertilité de la terre, on les plante par trois à quatre grains et dans les terres très-fertiles jusqu'à sept à huit de deux en deux mètres avec de la graine de citrouille.

Vient ensuite le maïs violet ou à grains blancs avec quelques grains violets appelé maïs-ail, au Brésil pipoc, parce qu'on s'en sert pour le faire crever et le manger ensuite en guise de biscuits avec le café; il vient petit et charge peu, et ne se plante que pour la dépense de la maison et les poules.

Il y a une espèce de grand maïs violet, appelé en France maïs turc, et dans l'Amérique du Nord, maïs à sucre, parce que ses tiges, lorsqu'elles entrent en fleur, sont comme celles des cannes à sucre et l'on en fait du sucre. Elles produisent peu, mais dans les pays froids, éloignés des bords de la mer, c'est encore suffisant pour la consommation d'une habitation.

Vient enfin le grand maïs blanc qui doit se planter de un mètre et demi à deux mètres et aussi suivant la fertilité du sol, depuis trois jusqu'à sept ou huit grains dans le même trou.

Ce maïs est l'espèce qui produit le plus et que l'on doit préférer pour les animaux, car quoique moins sucré, il est moins échauffant. On en fait aussi de très belle farine blanche, laquelle, mélangée à celle de froment, fait de très bon pain. Son gruau est aussi très bon ; c'est en général la nourriture des habitants de l'intérieur du Brésil. Cette espèce se sème toujours avec des citrouilles, des carats, des patates douces ou liserons à tubercules, qui, après que l'épi de maïs est enlevé, servent à la nourriture des hommes et des animaux, enfin, avec du palma-christi pour faire de l'huile, dont la meilleure variété est le grand palma-christi blanc, à fruits, sans épines, qui charge davantage.

Quand on veut s'en servir pour faire de la farine avec des monjales, on doit d'abord le mettre dans un mortier avec un peu d'eau, et piler jusqu'à ce que la peau se dégage bien, puis on crible pour ôter le son, ensuite on met à tremper jusqu'au lendemain dans de l'eau tiède, puis on lave à grande eau pour ôter l'acide qui s'est formé et qui est malsain ; après on pile de suite, ce qui donne de la farine et du gruau, que l'on fait sécher à l'étuve ou sur la plaque en cuivre à farine de manioc, bien fourbie ; mais quand on a un petit moulin à eau, on y moud le gruau ainsi séché, ce qui fait encore de superbe farine.

Ordinairement, on n'emploie pas tant de façons : ceux qui ont des moulins y mettent le maïs tout sec ou un peu humide, d'où l'on tire la farine avec le son mélangé, appelé fouba, dont on fait de l'angou (bouillie), et qui peut aussi faire du pain grossier ; mais il est préférable de tirer d'abord le son, qui sert pour les porcs, les chevaux et mulets. Ce fouba sert également pour faire de la bière, qui, distillée, donne de l'eau-de-vie, appelée dans l'Amérique du Nord, wiski.

La paille, après que l'épi en a été tiré et restant avec les citrouilles, engraisse bien le bétail, c'est le moyen qu'on emploie au Brésil pour réparer celui qui est fatigué par de longues marches.

Généralement toutes les espèces de maïs préfèrent la terre neuve de jachères, bien brûlée, où il y a beaucoup de cendre, alors on sème à la petite houe ou au piquet, mais quand on plante à la charrue, il faut beaucoup fumer, ce qui est très coûteux, à moins qu'on ne parque le bétail.

Le maïs préfère la terre un peu sableuse, et outre qu'on doit le tenir propre, il faut le butter. Lorsque la fleur est passée et que la barbe de l'épi est noire, il est indispensable de couper la flèche un ou deux nœuds au-dessus du dernier épi, ce qui fait grossir le grain, et en même temps effraie un peu les oiseaux.

Le maïs le meilleur est celui dont l'épi se tourne de lui-même la pointe en bas, et ainsi se préserve de la pluie Le maïs de garde, pour semence, peut se pendre par mains dans les arbres où il se conserve mieux qu'en magasin.

MANIOC

Le manioc (en brésilien mandioca) de la famille des euphorbiacées, est une des plantes les plus précieuses pour la nourriture de l'homme sous les tropiques; il vient d'ailleurs partout, soit dans la montagne, soit dans la plaine, pourvu qu'elle soit sèche, même dans les terres humides, on peut le planter en grosses buttes ou sillons. Il ne demande qu'à être débarrassé des mauvaises herbes, et met un ou deux ans pour mûrir dans de certaines terres sèches, il y a des espèces qui se conservent en terres pendant plusieurs années.

Il en existe deux espèces bien distinctes, le doux, ou épi en indien, dont il y a plusieurs variétés ; surtout celui à rameaux blancs qui est le meilleur, celui à rameaux roux, enfin, le macoucou, etc. ; que l'on peut manger cuit au four, sous la cendre ou à l'eau et avec de la viande. On peut aussi en faire de la farine et du pain de cassave, lequel à un goût fade.

Celui de la seconde espèce, qu'on appelle brave, parce que le jus en est très vénéneux ; il s'en trouve d'une très grande variété, tant pour le port, la 'grandeur et la couleur, que pour le temps de la maturité. Chaque espèce choisit sa terre ; toutes en général préfèrent la montagne où les plaines sèches sableuses, en y faisant de grandes buttes ou de forts sillons, dans lesquels on enfuit les herbes sans les faire brûler. On n'a besoin que d'entretenir bien propre, de laisser une seule tige, et sevrer à trois yeux au bout d'un an. Après quoi, au bout d'un an, dix-huit mois, ou deux ans, on peut suivant la variété, arracher. Il ne faut pas oublier que les boutures qu'on plante doivent être de la longueur de quatre à cinq doigts, ayant de 4 à 6 yeux; on les enfouit tout à fait en terre et on ne les recouvre que de 28 millim. On peut aussi les enfouir à moitié penchées du côté du midi, à la distance de 33 à 66 centim., suivant la fertilité de la terre; il faut bien observer que la tête soit hors de terre.

Dans les abattis des bois vierges qui ont bien brûlé, on les plante à plat avec des jeunes plants de café deux ou trois fois de suite. Les dernières fois, il faut avoir la précaution de ne les planter que dans les rangs de café, afin de ne pas leur nuire; ce qui donne des produits immenses, presque sans frais, d'autant plus qu'on n'arrache les racines qu'au fur et à mesure qu'on en a besoin, à la veille des mauvais temps, ou en revenant du champ, afin d'avoir de l'ouvrage à la maison pendant la pluie ou le soir.

On ne peut trop recommander de se servir de machines à eau ou à bœufs, ou à mulets, pour râper et presser, ce qui avance beaucoup le service et n'arrête pas le monde du champ. Il faut avoir aussi la précaution de ne laisser entrer aucun animal dans la case à manioc, parce que tous boivent le jus avec avidité, ce qui les tue. Lorsqu'on en voit qui sont étourdis, on les saigne aussitôt, et en leur enlevant les intestins, on peut manger la chair, mais quand l'animal est mort et froid, il ne serait pas prudent de s'en servir, on sauve quelques animaux en leur faisant boire de l'eau aiguisée d'ammoniac.

Quand la racine de manioc arrive du champ, on la gratte pour en retirer la peau, mieux on fait ce travail, plus la farine est blanche, ensuite vient le lavage, après on râpe, puis on met la bouillie dans une boîte ou fort panier, et on la presse jusqu'à ce qu'elle ne rende plus de jus, après on la brise et on la passe au crible, puis on la met en petite quantité sur la plaque d'abord peu chaude, puis on pousse le feu sans toutefois en faire de l'angou ou pain de cassave, ou galettes, qu'on évite en mélangeant sans cesse; toutefois, quand elle est à moitié cuite, on la retire pour la faire suer et refroidir à moitié; quand tout a passé ainsi, on la remet sur le fourneau pour la *torrer* (sécher) sans faire brûler. Il est préférable d'avoir plusieurs plaques. On se sert aussi de cylindres en cuivre avec des mains en dedans pour la mélanger, moins on pousse le feu et plus on remue, plus aussi la farine est fine.

Quand au lieu de faire de la farine on veut faire du pain de cassave, galettes, appelé au Brésil *bijou*; après que la farine est criblée, on l'étend sur la plaque, puis quand elle a pris un peu de consistance, on la coupe en morceaux, on retourne le bijou, et on laisse cuire à très petit feu pour qu'elle ne roussisse pas ; il faut d'ailleurs qu'il y ait de la farine sur la paque à peine l'épaisseur de cinq à six millimètres.

Quand on ne veut faire ni farine, ni pain de cassave, mais de la fécule, aussitôt que la racine est râpée, on met la bouillie dans une grande gamelle ou auge, proportionnelle à ce qu'on en a, on la met dans une toile de coton en versant de l'eau dessus et en remuant, la fécule passe et le son reste dans la passoire; on exprime à la main pour les porcs, après on laisse la fécule reposer jusqu'au lendemain; on jette l'eau et on recommence l'opération du lavage et filtrage, on laisse reposer, et le jour suivant on lave encore, etc. ; enfin, on fait sécher au soleil ou à l'étuve, et plus cette fécule sèche vite, plus elle est blanche.

Cette fécule, mise avec un tiers de farine de froment, un tiers de belle farine de maïs blanc, fait d'excellent pain. En y ajoutant de la pâte de carat, avec du lait, des jaunes d'œufs et du sucre, on en fait de très-bons gâteaux, qu'on fait frire à la poêle ou cuire au four.

MIL OU MILLET (panic) ET SORGHO

Le mil, millet, ou panic, de la famille des graminées, est une plante dont les espèces et variétés existent depuis la Sibérie jusqu'à Angola, sous la ligne équinoxiale ; on les mange en bouillies de toutes les façons ; elles préfèrent les terres sablonneuses et chargent beaucoup, servent à la nourriture des hommes et des animaux. La paille sert pour litière et les animaux s'en nourrissent en vert ou en sec.

ORCHIDÉES (caraoatas)

Il existe sur les hautes montagnes du Brésil, les uns à terre, les autres sur les sommets des arbres qui y végètent, une immensité de plantes grasses appelées par les indigènes caraoatas, qui servent de pâture aux singes et autres animaux. Les indigènes s'en nourrissent aussi dans leurs courses de chasse ; j'en ai mangé de plusieurs espèces; elles sont très nourrissantes. Il en est qui font de très belles teintures en rouge ; mais plusieurs sont vénéneuses. Elles sont encore très peu connues des Européens qui les nomment orchidées.

MAMONS

Les mamons sont plutôt une grande plante

herbacée qu'un arbre; il y en a de mâles et de femelles, ce sont les femelles qui donnent un gros fruit, qui, lorsqu'il est bien mûr, est d'une couleur dorée, est assez goûté. Quand on les cueille un peu avant la maturité, on en fait de très bonnes confitures. Le lait qui sort du tronc, après avoir été quelques jours au serein, est un très bon vermifuge, mais il faut s'en servir avec précaution; autrement, il peut causer des accidents. Cette plante aime beaucoup la terre vierge et terrotée.

PATATE DOUCE

ou liseron à tubercule.

La patate douce, de la famille des convolvulacées, est une plante qui vient très bien dans tous les pays chauds; une fois qu'il y en a dans un endroit, on ne peut plus la détruire qu'en y lâchant les porcs qui en sont très friands; ils mangent les feuilles, les traces et les racines. Les chevreuils et daims en sont aussi très friands.

Il y en a de plusieurs variétés, de blanches, de blanches à peau rose, de jaunes, de violettes, de marbrées, de longues et de rondes, toutes se cultivent de la même manière; en général, on se contente d'en mettre quelques tubercules où l'on veut en planter, les traces s'étendent de tous les côtés, et, au bout de quelques années, tout le terrain en est non-seulement couvert, mais encore tapissé. Dans les pays où elles craignent le froid, où même l'on veut ne pas attendre plusieurs années, on doit faire des pépinières avec les traces que l'on coupe avec deux yeux, et planter par rangs de 8 centim. en 8 centim.; ces boutures donnent de petits tubercules gros comme le doigt, qui servent de semences. Dans les pays chauds, il suffit de les entretenir propres et de temps en temps les tondre jusqu'à l'époque de replanter. Dans les pays froids, il faut les mettre en cave dans du sable bien sec; ces petits tubercules donnent d'énormes patates, mais il faut tondre les traces à un pied de long et butter. Quant aux gros tubercules, ils ne servent qu'à manger, étant très sujets à la pourriture.

Les traces font d'excellents fourrages pour tous les animaux.

On les mange cuites à la vapeur, au four, sous la cendre, avec la viande, et frites. On en fait aussi des pâtés et biscuits de toute espèce; elles n'ont que le défaut d'être un peu venteuses.

PATATES MORELLES

ou pommes de terre.

La pomme de terre de la famille des solanées, paraît être originaire du Chili, on en a aussi trouvé en Chine, à fleurs bleues, il y en a d'une très grande quantité de variétés, de blanches, de rouges, de jaunes, de plates, de longues, de rondes plus ou moins grosses, et chaque jour, par les semis, on en trouve de nouvelles variétés.

La pomme de terre n'est pas une plante des tropiques, elle y vient mal, excepté seulement sur la crête des hautes montagnes; mais elle réussit parfaitement bien dans les pays tempérés. Elle vient partout, mais il faut la planter en buttes, ou mieux en sillons; elle n'a besoin que d'être tenue propre. Les animaux mangent très bien ses fannes sèches; on la mange de toutes les manières, et, après les avoir cuites, on les mélange avec la pâte pour faire le pain, qu'il faut manger de suite, ne se conservant pas.

En Europe, elle est d'une très grande ressource pour les pauvres, et les riches en font l'ordinaire et l'ornement de leurs tables.

Au Brésil, on commence à en faire de grandes plantations dans les provinces du sud;

mais on n'en cultive encore que quelques variétés,

POIS D'ANGOLA

Le pois d'Angola, de la famille des légumineuses, est un petit arbrisseau qui charge énormément; il est bisannuel ou triannuel. Il se plante ordinairement sur les lisières ou au bord des chemins. Quand le fruit est déjà un peu gros, on le fait bouillir dans l'eau pour en retirer la peau, puis on l'accommode comme les petits pois chiches (en brésilien *hervilhas*). Il faut seulement y ajouter quelques cuillerées de sucre pour en tirer le petit goût acerbe qu'il a.

Il vient partout sans presque de soins, mais il aime l'exposition chaude.

POIS CHICHES

Les petits pois chiches sont plutôt une plante de jardinage que de grandes cultures; il y en a plusieurs espèces et variétés. Au Brésil, ils viennent très bien dans les jardins bien fumés; malheureusement les rats et les chauves-souris en font une affreuse destruction; et comme ils ne commettent leurs dégâts que la nuit, on a beaucoup de peine à conserver les gousses.

POIVRE DE L'INDE, CUBÈBE, PIMENTS

Le poivre de l'Inde est une plante traçante qui vient très bien sur les pierres, où il charge beaucoup; il a besoin de tuteurs vivants pour pouvoir grimper, il vient très bien au pied des palmiers, de l'arrouëra, des acacias, surtout de la casse de Buénos-Ayres, qui étant un arbre de petite dimension, facilite la récolte; il demande une excessive chaleur. Il donne ordinairement deux récoltes par an; la première produit un fruit plus gros; le fruit est une petite grappe longue comme le doigt et un peu moins grosse. Quand il est mûr, il devient rouge comme le café, on cueille les grappes qu'il faut faire sécher au soleil sur des glacis en pierre. Lorsqu'on veut faire du poivre blanc, on met les grappes rouges dans des mortiers ou auges circulaires, on bat doucement et la peau et la pulpe, qui est sucrée, se dégagent; il faut ensuite laver à l'eau courante pour les séparer du grain et faire sécher.

La culture consiste à planter près d'un tuteur sur lequel on fait grimper; avoir le soin de dégager la surabondance des traces et arracher les mauvaises herbes.

Le poivre long, ou cubèbe, est employé pour

les maladies vénériennes, qu'on prétend guérir avec lui.

Quant aux piments, il y en a de différentes espèces, les uns plantes, les autres arbustes : il y en a aussi de différentes couleurs, des jaunes et des verts ou piments enragés. Ils préfèrent en général la montagne, et où il y a beaucoup de terre végétale; on s'en sert pour épices sous le nom de poivre de Guinée ou malaguette.

RIZ

Le riz, de la famille des graminées, paraît avoir été cultivé en Chine dès la plus haute antiquité, puis ensuite il s'est répandu dans les autres pays chauds.

Il y en a plusieurs espèces et variétés, et de blanc de différentes nuances, sans barbe ou à barbe, puis de rouge à ergot. Les riz blancs préfèrent les marais et généralement chargent moins que les riz rouges qui viennent dans des lieux moins humides, et demandent aussi moins de chaleur; sous la ligne équinoxiale, il charge deux fois l'an, et quelquefois donne de 80 à 150 pour un. Il y a des endroits où il faut aller le récolter dans des bateaux; comme il talle beaucoup, on ne doit le planter que par trois ou quatre graines, ou dans les mares à la volée. Le riz planté prime (*primo cedo*) croît davantage et charge moins, est de plus attaqué par les oiseaux ; le tardif croît moins, charge davantage et est moins attaqué des oiseaux ; quand il vient à mûrir, après les grandes crues, on en perd moins. Le plus grand risque est quand il est en fleurs, parce que, jusqu'à la maturité, il tombe beaucoup par la pluie et le vent.

Le riz n'a besoin que d'un entretien propre, sarclé, butté, et quand il est mûr, on le cueille à la main, grappe par grappe, parce qu'il égraine beaucoup. Quand il est cueilli, on le porte en magasin où on lui laisse passer la nuit en tas. Le lendemain il faut le battre pour le faire sécher sur des glacis en ardoise, ou ciment, pour qu'il n'ait pas de gravier ; il y a encore l'étuve, mais le riz séché à l'étuve ne peut servir pour la reproduction.

Quand il est à un certain point de sécheresse, ni trop sec, ni trop humide, on le pile dans des mortiers ou bien dans des auges circulaires, puis on le vanne ; il peut servir ainsi, soit cuit en graine, ou en le faisant moudre pour faire de la farine.

Il peut s'accommoder de toutes les manières, il paraît que dans l'Inde et la Chine, c'est l'aliment du peuple.

Avec la paille on fait de très beaux chapeaux qu'on blanchit ensuite avec de la vapeur de soufre, en les cousant avec la même paille.

TABAC

Le tabac est une plante à grandes feuilles qui croît de la hauteur d'un homme; il y en a de différentes espèces et variétés ; celui de vérine est d'Asie ; de l'autre il y en a deux variétés ; à fleurs blanches ordinaires ; il a de très larges feuilles, et on le préfère pour les cigares; celui à feuilles longues et à fleurs roses, est estimé pour en faire des carottes.

Généralement, la culture est la même, on le plante en ligne à un mètre de distance, et dans les rangs à 66 cent. les uns des autres. On doit en faire des pépinières d'avance dans les brûlis où il y a beaucoup de cendre, pour les mettre en place quand la saison favorable est venue ; on l'entretient bien propre, et lorsqu'il a cinq à six feuilles, on l'étête au-dessus de la cinquième feuille du haut. Cette opération fait sortir des jets à toutes les aisselles des feuilles ; il faut ôter avec soin tous ces jets que l'on fait sécher, en ayant soin de ne pas toucher les grandes feuilles : cette opération a l'avantage de les faire épaissir, et les rend plus chargées de duvet et visqueuses. Lorsqu'elles commencent à jaunir, et qu'elles se fanent, on les coupe ras du tronc, et cela depuis dix heures du matin jusqu'à quatre heures du soir, afin qu'elles soient bien sèches, puis on les porte au magasin où elles sont mises en tas à suer jusqu'au lendemain matin, avec la précaution de mettre le bout de la feuille en bas et le pétiole en haut; ce qui forme des cônes. Dès le lendemain matin, il faut les attacher cinq par cinq par le pétale, et les suspendre sous des hangars à sécher. Quand on veut faire des cigares, il faut les laisser bien sécher avant de les mettre en balles; quand on veut en faire des cordes, il faut les tordre quand elles sont encore un peu vertes, et à mesure qu'on les roule sur un bâton, il faut les enduire avec la mélasse provenant des jets coupés dans la plantation. Quand on fait cuire cette mélasse, on peut y ajouter du sel ammoniac, pour lui donner du montant, de l'iris de Florence, de l'anis étoilé, etc. Quand les rouleaux sont faits, chaque jour on doit les dérouler du bois où ils sont pour les rouler sur un autre, pour qu'elles soient tordues de plus en plus, sans cela elles s'échauffent trop et brûlent.

Après cela, les manufacturiers de tabac travaillent le tabac chacun à sa guise, soit en faisant des cigarres, soit en réduisant pour tabac à priser ; quelques-uns y mettent de l'iris de Florence pour le parfumer, etc.

VANILLE

La vanille est une plante grasse qui s'attache aux arbres par ses vrilles ; les bois vierges en sont pleins, mais on ne peut pas l'y cueillir, parce qu'elle monte sur les plus grands arbres qu'elle couvre. Il y en a de deux espèces, la bâtarde qui est plus grosse et charge davantage, et la vanille fine. Pour la cultiver, il faut la planter près d'arbustes où l'on peut la cueillir plus à son aise; elle n'a besoin que d'être dégagée des mauvaises herbes. Elles donnent de grosses touffes de fleurs très odorantes, rosées, ayant l'odeur de la vanille du commerce; à ces fleurs succèdent desgousses allongées, qui doivent être cueillies un peu avant parfaite maturité; ensuite on les attache en petits faisceaux qu'il faut d'abord laisser sécher en les suspendant au plancher, après on les trempe dans de l'huile inodore de bonne qualité, et on les met dans des boîtes en ferblanc, où on les presse de temps en temps. Il faut aussi les changer de place pour éviter une très grande fermentation, ce qui décomposerait le parfum. La vanille préfère la montagne à la plaine ; les chauves-souris malheureusement en font une grande destruction.

CÉRÉALES D'EUROPE

Froment, Seigle, Orge et Avoine

Quoique le froment ou blé, le seigle, l'orge et l'avoine (de la famille des graminées), ne soient que des plantes des pays tempérés, je les réunis ici dans un même article.

Sous la zone torride, il y a quelques lieux où l'on peut les cultiver, par exemple sur les crêtes des hautes montagnes, où la saison sèche est très prononcée, partout ailleurs, elles ne sont que vivaces, et ne donnent que peu ou point de grains, à l'exception peut-être de l'orge, dont on récolte quelques épis.

Dans les pays tempérés, ces plantes se sèment à la charrue, le froment et le seigle par rangs au semoir, soit en planches ou en sillons; l'orge et l'avoine à plat avec la herse, le plus souvent avec le trèfle pour fourrage que l'on fauche.

Il y a dans le nord de l'Europe, une variété d'orge nue qui se cultive à une très basse température, parce qu'elle est très prime et qu'elle demande peu de chaleur.

On sait que dans tous les pays tempérés, même froids, ces plantes sont la nourriture principale des habitants qui se figurent qu'on ne peut pas vivre sans cela. La paille est d'ailleurs la nourriture du bétail pendant l'hiver, et on doit la battre au fur et à mesure qu'on en a besoin, ou qu'on veut envoyer les céréales au marché.

D'ailleurs elles se conservent beaucoup mieux dans les épis, et l'hiver, c'est un moyen d'occuper les domestiques, battant soit à main, soit avec des machines.

Il n'y a contre cette méthode que la grande destruction que font les rats et quelquefois les serpents, ce qu'on évite en battant de suite avec la machine à battre.

PLANTES DE JARDINAGE
ou légumes.

Il y a une si grande quantité de plantes de jardin, qui d'ailleurs ne peuvent être cultivées en grand, que je renvoie aux ouvrages qui traitent spécialement de cette branche de l'agriculture, d'autant plus qu'il y a beaucoup de plantes qui sont plutôt de luxe qu'autrement. Je donnerai seulement les noms des choux, des carottes, des navets, avec leurs nombreuses variétés, qui se cultivent comme en Europe, mais ne viennent que dans la saison sèche ou froide, et plutôt dans la plaine que l'on peut arroser ; tous les choux doivent se butter.

ARBRES FRUITIERS
qui servent à la nourriture des hommes et des animaux.

Généralement la majeure partie des arbres fruitiers des pays froids ou tempérés ne donnent pas de fruits sous la zone torride ; on ne peut en obtenir quelques-uns que sur le sommet des hautes montagnes.

Quand je vins au Brésil, en 1819, j'apportai une superbe collection d'arbres fruitiers de France ; ayant acheté une petite sucrerie au bord de la mer, je perdis tous mes arbres les uns après les autres, il aurait fallu les envoyer dans l'intérieur. J'apportai aussi quatre essaims d'abeilles, dont l'un fut donné à Jacarépagua ; je ne sais si c'est lui qui a prospéré, ou s'il a donné l'envie d'en faire venir d'autres qui ont bien réussi. Quant aux miens, les oiseaux bentilies et les fourmis courantes ont tout détruit dans une absence que je fis à Rio, et celles qui avaient fui dans les bois n'ont jamais reparu. Maintenant il y en a des masses dans la Serra-à-Cima que les habitants ne savent pas traiter.

Les plantes des tropiques à basses tiges peuvent encore obtenir un bon résultat dans les pays tempérés ou froids, mais par le moyen de serres, soit à orangers, soit chaudes.

Il y a une grande quantité d'arbres fruitiers entre les tropiques; je ne donnerai que les plus intéressants, il y en a d'ailleurs une grande quantité qui ne sont pas cultivés, et qu'on ne trouve que dans les bois, bien qu'ils aient un grand mérite.

On distingue l'arbre à pain, l'arbre du conte ou corossol, l'araticou, l'abricotier d'Amérique, le bibacier, le cacaotier, le caféier, les cannelliers, le caja, le palmier cocotier, dattiers, dendès, palmiste, sagonyers, goyaviers, gourmichame, girofliers, japouticava, jambos ou pomme-rose, le mangoustan, le manguier, orangers, pistachiers, sapotilliers, saponcaïas, théier, oubacouparis.

Je citerai aussi d'Europe, le pommier, le poirier, le cerisier, le prunier, l'abricotier, le pêcher, l'amandier, le noyer, le châtaignier, le néflier, le figuier, la vigne, etc., qui ne viennent, au Brésil, que sur les sommets des hautes montagnes, avec une grande variété de chaque espèce.

La majeure partie de ces arbres ne sont que d'agrément, et ne doivent être plantés que dans les vergers et sur les bords des avenues ou des chemins; quelques-uns, comme les orangers, peuvent se planter dans les plantations d'arbres à pain, de caféiers, cannelliers, cacaotiers, etc., qui sont déjà de la nourriture, surtout le déjeûner des travailleurs, outre qu'ils abritent les plantations.

Je vais maintenant donner les arbres fruitiers qu'on cultive en grand pour le commerce, et dont quelques-uns ont des cultures spéciales.

ABRICOTIER D'AMÉRIQUE

L'abricotier est un petit arbre de la famille des guttifères, qui donne un petit fruit aplati, à long pied, jaune à la maturité, contenant plusieurs gros pépins entourés d'une pulpe pâteuse qui n'est pas du goût de tout le monde; les incisions que l'on fait au tronc et aux grosses branches laissent écouler une espèce de résine qui est la gomme-gutte.

ARBRE DU CONTE

Cet arbre est de la même famille que le corossolier et l'arbre à bois de liége; le fruit est assez doux à manger et fait de bonnes confitures.

ARBRE A PAIN

(Jaquier ou Jacas)

Le jaquier, originaire des îles de l'Inde orientale, est un grand arbre qui donne des fruits d'une énorme grosseur, et dont l'intérieur est garni de petites châtaignes entourées d'une pulpe très sucrée qui cependant n'est pas du goût de tout le monde; c'est un simple fruit d'agrément qui ne pourrait servir à une nourriture régulière. Il y a deux variétés, une à grands fruits et l'autre à fruits plus petits.

Le jaquier à feuilles incisées, ou arbre à pain des îles de l'océan Pacifique, a deux variétés : l'une à châtaigne, au goût de laquelle il faut être habitué; il sert pour greffer l'autre espèce; l'arbre à pain véritable, dont le port et le fruit sont les mêmes, à la seule différence que le fruit a des épines un peu moins saillantes, et à l'intérieur, au lieu d'y avoir des châtaignes, il y a une espèce de pulpe dure, qui ne s'amollit qu'à la cuisson, elle peut servir d'aliment ayant alors quelqu'analogie avec les bananes, mais cependant moins goûtée. Cet arbre peut donner une substance alimentaire, mais peu goûtée; on perpétue cet arbre par les racines que l'on coupe, et dont on met le gros bout hors de terre, jusqu'à ce qu'elles aient formé tête, ou de marcottes des branches, ou enfin des greffes.

Les indigènes des îles ont le soin d'en extraire l'écorce dont ils font des vêtements et des sacs. Aux îles de Bourbon et de France, on plante cet arbre dans les caféiers pour les abriter des ouragans qui ravagent ces îles. Autrefois on se servait des acacias qui étaient préférables, parce que, en perdant leurs feuilles, ils engraissaient le terrain, et faisaient tête au vent, tandis que l'arbre à pain casse comme du verre ; il n'y a d'avantage que pour le fruit qui est d'un assez bon produit.

AVOCATIER

L'avocatier de la famille des laurinées, est un arbre indigène des bords fangeux du fleuve des Amazones; il croît de 8 à 10 mètres, et peut atteindre la grosseur d'un homme. Il y en a deux variétés à petits et à gros fruits. Cet arbre croît très vite et meurt de même, il préfère être semé en place. Dans de certaines années, il charge d'une telle manière que les branches en cassent sous le faix. Aux Amazones, dans les bois, c'est la proie des perroquets, des cerfs, des sangliers, et autres animaux frugivores. Il n'est pas prudent d'en manger en abondance, étant sujet à donner la dyssenterie. Pour corriger ce défaut, on doit ne les manger que bien mûrs, quand la pulpe se réduit bien en bouillie, à laquelle on doit ajouter du sucre et du jus de limon ; d'autres personnes y mettent du sel, mais c'est moins goûté.

ARATICON

L'araticon est un grand arbre de la même famille que l'arbre à pain ; le fruit en est assez sucré et fait aussi de bonnes confitures.

ARAÇA

L'araça, de la famille des myrthoïdes, est un petit arbuste de la taille du caféier, quoique dans les bois vierges il y en a de très grands ; il y en a deux espèces bonnes à manger, le rouge et le jaune ; ce dernier est plus doux, on fait avec ces fruits d'excellentes gelées.

BIBACIER

Le bibacier ou néflier de l'Inde, de la famille des rosacées, est un petit arbre qui charge beaucoup, au Brésil, on l'appelle « amêche, » il est assez goûté, on en fait de bonnes confitures et de bons fruits à l'eau-de-vie.

CACAOTIER

Le cacaotier, de la famille des malvacées,

est un arbrisseau de 5 à 6 mètres de haut, il vient tout aussi bien dans la montagne que dans la plaine; on le plante dans la montagne dans les plantations des caféiers déjà fatiguées, de manière à ce que quand le caféier meurt, la plantation du cacaotier reste; il vit très vieux et ne commence à charger qu'à huit ou dix ans, il peut se cultiver d'un tropique à l'autre, mais donne de bien plus beaux fruits jusqu'à 10° de chaque côté de la ligne; il se plante de 3, 5 et jusqu'à 7 mètres de distance en quinconce, et se sème en place, étant très difficile à la reprise. Il n'a besoin que d'être sarclé à la houe ou même à la serpe et d'être dégagé des bois morts.

Lorsque le fruit est d'un jaune rougeâtre, on le coupe avec un couteau, puis on le porte sur le glacis où on le brise, ensuite il faut étendre les grains par couches minces, en mettant alternativement une couche de cacao et une couche de terre qu'on recouvre en entier et de la largeur de la main, puis on recouvre le tout de paille; on a la précaution de le garantir du bétail, surtout des porcs, qui en sont très friands. Au bout de deux ou trois jours au plus, suivant la température, il faut visiter le tas qui devient très chaud; aussitôt que le germe paraît, on crible pour en dégager la terre, ensuite on met le cacao au grand soleil en remuant de temps en temps pour le faire sécher plus vite; après on le transporte à l'étuve jusqu'à dessication parfaite, et enfin on l'expédie.

D'après cette opération de terrage, la peau est noire, tandis que celle du cacao seulement séché sur le glacis, est d'un jaune rougeâtre, aussi le premier se vend presque le double de l'autre, qui est un peu acerbe, donne moins de beurre et est plus sucré; la consommation en augmente tous les jours.

Pour le manger, on le grille pour ôter la peau, on le pile et on le broie sous une pierre et un rouleau en bois, pour le réduire en poudre impalpable, on mélange avec de la cannelle, du girofle ou de la vanille, etc., puis on met du sucre suivant le goût des consommateurs.

CAFÉIER

Le caféier, de la famille des rubiacées, est un arbrisseau de 3 à 4 mètres d'élévation au plus, et est originaire de l'intérieur de l'Afrique, où suivant le rapport unanime des nègres, une espèce est cultivée dans la chaîne de montagnes qui prend vers le détroit de Bab-el-Mandeb, et, se dirigeant vers l'ouest, vient finir aux montagnes de Kong, vers les sources du Sénégal, de la Gambie et du Niger ; elle a aussi des ramifications vers le sud.

On connaît plusieurs espèces de caféiers : 1° le caféier marron des îles de France et de Bourbon, qui n'est pas cultivé.

2° Une autre espèce trouvée dans les Cordillières du Pérou, qui n'est pas cultivée non plus.

3° Une autre espèce appelée caféier-moka.

4° Le caféier-bâtard, qui est cultivé partout.

Le caféier-franc ou moka, fut introduit au Brésil par Joao-Rodrigue-Perreira-d'Almeïda, baron de Uba, qui m'en donna quelques pieds. Il est comme je l'ai dit plus haut, originaire d'Afrique; les nègres l'y cultivent comme aliment. Après avoir fait griller la fève, ils la réduisent en farine par le moyen des mortiers en bois, font la même opération à du maïs, et se nourrissent du mélange des deux farines. Ils en vendent aussi aux blancs ou mulâtres qui ont des chevaux, des mulets « et de grands moutons à bosse; » (ce ne peut être que des arabes et des chameaux).

Le caféier-franc est une espèce tout à fait différente du caféier-bâtard; il se distingue par sa feuille ovale, arrondie par le bout, un peu échancrée ainsi (voir la figure).

Tandis que la feuille du caféier-bâtard est en

forme de lance et pointue par le bout (voir figure).

Quand la feuille naît, elle est d'un rouge brique, puis, vient d'un vert tendre avec des nervures blanchâtres, très apparentes; enfin elle vient d'un vert sombre, avec une température basse et humide, elle tombe. La corolle, au lieu d'être blanche, est d'une couleur rose foncée en dehors et plus pâle en dedans; le tube est court; elle a sept à huit divisions au lieu de cinq; comme au caféier-bâtard, chaque division est arrondie au lieu d'être aiguë. La majeure partie des fleurs a sept étamines, mais il y en a quelques-unes qui en ont huit, et dans ce cas la corolle a aussi huit compartiments. Le pistil est de même forme que celui du caféier-bâtard, c'est-à-dire a deux divisions, mais il est plus raccourci. Le fruit est un spéroïde plus petit et plus allongé; son ombilic est très grand et apparent. Il ne contient généralement qu'un grain, rarement deux, parce qu'il ne sort du réceptacle qu'une fleur, rarement deux; tandis qu'au caféier-bâtard il en sort deux, trois et quelques fois davantage. Le fruit comme au caféier-bâtard, sort aux aisselles des feuilles, mais par un ou deux, tandis qu'au caféier-bâtard, il en sort par touffes de quatre, six, huit, dix et encore plus dans les terres vierges.

L'odeur de la fleur est plus suave, entre le jasmin et le girofle, le fruit sec et la fève ont le même arôme ; aussi en Arabie se sert-on de la peau comme de la fève ; au caféier bâtard la fève n'a pas l'odeur de la fleur qui est celle du jasmin. Les fleurs ne paraissent que pendant un mois à six semaines par une seule floraison, et mûrissent leurs fruits au bout de deux à quatre mois, tous ensemble. Le caféier bâtard fleurit six mois de l'année ; toutes les fois que le temps veut se mettre à la pluie, et ne mûrit son fruit qu'au bout de six à neuf mois ; il commence par être jaune, rouge, puis devient noir. Mais le moka devient violet, puis noir, et tombe à la première pluie. Le port de l'arbre est aussi différent, car les branches latérales qui sortent de chaque côté du tronc peuvent être considérées comme autant de tiges, attendu que par chaque couple de brindilles, elles sont dressées ainsi : (voir figure) au lieu d'être pendantes comme au caféier bâtard (voir figure), où les brindilles sont opposées les unes aux autres. Dans le caféier bâtard, les brindilles longues et pendantes comme au saule-pleureur, sortent des branches latérales, toutes horizontales des deux côtés de la branche, en arête de poisson, et forment la patte d'oie. Il n'en croît sur la branche que quand les brindilles sont épuisées par la charge du fruit. Ces brindilles supérieures servent à remplacer la branche.

Le caféier moka se cultive comme l'autre espèce, mais demande beaucoup de chaleur, il ne charge presque que sous la ligne équinoxiale.

Dans la montagne, on doit le cueillir aussitôt qu'il commence à mûrir et doit se faire sécher en crocros.

Le caféier bâtard est aussi originaire de l'intérieur de l'Afrique, où il existe à l'état sauvage et est la proie des oiseaux et des animaux du genre des cerfs et des porcs. Les peuples civilisés en ont étendu la culture dans l'Inde et l'Amérique, et le prennent en infusion après lui avoir donné une légère ou forte torréfaction, suivant le goût de chacun.

Culture du Café.

Le caféier préfère les défrichements des bois vierges sur les demi-côtes des montagnes, dont la pente est exposée à la ligne équinoxiale; après cela, au levant, puis au couchant; l'exposition du sud, pour cet hémisphère, et celle du nord pour le Nord, ne valent rien, si ce n'est sous la ligne. Dans les pays froids et secs, comme la Serra-Cima, il aime les crêtes ; c'est tout le contraire dans les pays humides des bords de la mer ; il ne prospère bien qu'entre les 10° et 25° degrés Réaumur, et le moka plus élevé. Dans les plaines, il charge peu ou point, à moins que ce ne soit autour des maisons, dont il profite des balayures, il vit de 10 à 80 ans, suivant le climat ou la qualité de la terre.

Dans les pays de grands vents, il faut l'abriter d'arbres pour le protéger, soit à feuilles caduques, comme celles des acacias, soit des orangers ou arbres à pain. Dans une grande habitation, il est avantageux de planter à plusieurs expositions, parce qu'il mûrit successivement, et dure plus longtemps à cueillir, ce qui facilite à faire plus de café lavé. Il y a une telle différence de charge, qu'à Ubatuba, qui se trouve sous le tropique sud et au bord de la mer, un noir ne peut cueillir qu'un demi-baril à un baril de fruits par jour, tandis que, dans la Serra-Cima, au bord de la Paraïba, il peut cueillir de quatre à six barils à farine par jour ; ce qui fait que les noirs étant venus à 1 conto de reis (3000 fr.), tous les bords de la mer ont abandonné la culture du café, et que, dans l'intérieur, on peut payer un noir jusqu'à 2 contos de reis (6000 fr.) ce qui donne encore du bénéfice.

Dans les terres rocailleuses et sèches, le caféier charge beaucoup et dure peu, c'est le contraire dans les terres pierreuses ; mais on ne peut parler qu'en général, car il y a des situations si extraordinaires qu'on ne peut en donner raison, d'où vient qu'on voit des niais, sans aucune expérience, s'enrichir, et des gens d'esprit se ruiner suivant le mauvais ou le bon rapport de leurs caféiers. Dans les terres humides, il dure peu et charge encore moins.

Le plant de caféier, arraché sous les vieux pieds, dans les plantations, est inférieur à celui tiré des pépinières ; la bonne grandeur est de 6 à 7 centimètres, et de la grosseur du doigt, il est préférable de planter couché, avec la précaution de bien piler la terre au pied ; on plante la veille de la pluie, ou même pendant la pluie, il est bon aussi de faire les trous d'avance.

Quand on fait des pépinières, on choisit un lieu de niveau, et l'on fait les rangs à 40 centimètres de distance, les pieds étant à trois pouces les uns des autres dans les rangs. Dans les terres très-pierreuses, on plante au piquet, dans la plantation définitive, on plante en quinconce de trois à quatre mètres en tous sens, suivant la force de la terre; mais, la plupart du temps, on doit se borner à planter en lignes droites, à cause des troncs d'arbres, et n'enfouir que peu, dans les terres fortes, et davantage dans les terres légères.

Quand on plante en vieille terre, il faut faire des chemins en travers du morne, comme on le fait à Java, et l'on plante sur le chemin, assez rapproché, le fruit mûrit dans l'arbre et tombe dans le chemin au-dessous, on le ramasse presque sec, ce qui lui donne une teinte jaune, au lieu d'être vert comme le café lavé.

Dans les terres sèches, ou battues des vents, on taille à basse tige ; et dans les terres humides et fortes, il est impossible de maîtriser la végétation ; il faut alors tailler à plein vent, ce qui consiste à couper les branches mortes ou fatiguées, et à courber les branches en tous sens autour du tronc de l'arbre. La taille à basse tige, à la française, est plus difficile ; dans tous les cas, la taille se fait immédiatement après avoir achevé la cueillette, au premier nettoiement que l'on fait. En plein vent, on laisse de trois à quatre tiges, et une à deux seulement pour la taille à la française.

Taille à basse tige
à la Française

La taille du caféier à basse tige à la française, a beaucoup de rapport avec la taille du pêcher, en espalier, et pour bien l'entendre, il faut savoir que le caféier a trois espèces de branches. 1° Les branches verticales ou gourmandes; elles sortent toutes du tronc, et ne doivent être conservées que quand on veut qu'elles se remplacent.

2° Les branches à fruits, ou bras, sortent aussi du tronc, mais sont opposées deux à deux les unes aux autres; elles sont horizontales, allant du tronc à la circonférence; elles ne doivent être coupées que quand elles sont en trop grand nombre, ou épuisées par une trop grande charge de fruits. On doit les couper où elles peuvent nuire aux branches supérieures qui doivent les remplacer, ou lorsqu'elles se tournent vers la tige.

3° Les brindilles qui sortent de chaque côté des branches à fruits ou bras, donnent aussi des fruits quand elles sont vigoureuses. Elles doivent aussi être coupées, quand elles retournent vers le tronc, qu'elles sont épuisées, ou qu'elles portent trop d'ombre. On doit les laisser, quand on veut qu'elles remplacent les branches à fruits ou bras; quand elles forment la patte d'oie, on n'en laisse qu'une seule.

Le sommet de l'arbre doit être tenu dégarni de feuilles et brindilles, afin que le soleil échauffe tout le tronc, et que l'air puisse circuler partout; lorsque l'arbre est épuisé, on le scie à huit pouces au-dessus du sol en laissant pousser tous les gourmands, puis on les retire les uns après les autres jusqu'à ce qu'il n'en reste plus que deux ou trois, les plus vigoureux. On traite ensuite comme pour les caféiers neufs; mais assez ordinairement il meurt beaucoup de ces arbres ainsi sciés. Quand les branches mères se fatiguent, il faut les scier les unes après les autres, ou elles se croisent avec le tronc, jusqu'à ce que l'arbre périsse aussi.

Culture.

La culture consiste tout bonnement à un entretien propre. Au Brésil, où la végétation est très-forte, et les terrains humides, il faut nettoyer à la houe deux fois par an; ou pour le moins, une fois à la houe, et une fois à la serpe. A l'île de Cuba, on se contente d'arracher les herbes, soit à la main, soit à la manchette, et l'on a grand soin de ne pas remuer la terre, afin que les grandes pluies ne puissent pas enlever le terreau.

Il est bon de réunir en tas les herbes aux pieds des caféiers, et d'entretenir tout le reste du terrain très propre; cela aide d'ailleurs à ramasser le café qui tombe par terre.

Il y a encore une autre méthode, et qui m'a très bien réussi dans le genre de la culture des vignes, en remuant le terrain avec des pics à deux branches, avec lesquelles on soulève la terre en enfouissant les racines, mais cette façon ne peut se donner qu'au commencement de la saison sèche, autrement les grandes pluies emporteraient toute la terre; cela renouvelle les caféiers.

Préparation de la fève du Café
pour la vente

Il y a trois méthodes pour préparer le café pour la vente;

1° Le café en crocros, appelé au Brésil de casca-grossa.

2° Le café trempé appelé au Brésil meia casca ou casquinha.

3° Le café gragé appelé au Brésil café lavé.

Café en crocros ou casca-grossa,

Le café en crocros est celui que l'on fait sécher avec sa peau et sa pulpe, tel qu'il est cueilli dans l'arbre, charnu, soit rouge, soit vert. Il y a plusieurs manières de le préparer ainsi. Les uns, après l'avoir cueilli, le mettent tout simplement sur les glacis en terre, et l'étendent très clair, afin d'empêcher la fermentation, ce qui fait le café ordinaire. D'autres le mettent en tas sur le glacis pour le faire fermenter, jusqu'à ce que la partie sucrée soit détruite, ce qui facilite le pilage du crocros, et donne à la fève une forte odeur qu'on appelle de terre, et qui provient de la peau et de la pulpe pourrie. Ce café a une couleur rembrunie, et est connu au Brésil, sous le nom de café haut goût, recherché des peuples du Nord.

Café trempé ou meia-casca.

Le café trempé ne diffère du précédent qu'en ce qu'il est mis à tremper dans l'eau, à fermenter jusqu'à ce que la partie sucrée ait disparu, soit tel qu'il est venu du champ, café rouge ou sec, soit après l'avoir demi-gragé dans des auges circulaires, soit au pilon : celui auquel on retire la peau est meilleur et fait une bonne qualité de café, mais peu odorant; il passe pour café gragé, quand il est séché sur glacis en pierre, puis à l'étuve.

Café gragé et lavé.

Pour faire du café gragé, il faut le cueillir le plus rouge possible et avant qu'il y ait du café noir au champ, alors on le passe à la grage, qui sépare la peau de la fève d'avec son arille ou parchemin, entourée de sa pulpe qui est sucrée. La peau est jetée, à moins qu'on ne veuille en faire de l'eau-de-vie, en la faisant tremper et fermenter ; la fève avec son parchemin et un peu de pulpe tombe dans un réservoir pratiqué au-dessous de la grage, où il reste jusqu'au lendemain dans l'eau courante qui lui enlève le reste de la pulpe qui n'est pas partie avec la peau, après, laisser égoutter, puis étendre sur des glacis en pierre ou ardoise, ou pour le moins en bon ciment, ou mieux encore sur des nattes en bambou. On le mélange plusieurs fois par jour afin de le sécher promptement ; tant que le temps est au beau, il peut rester en tas sur le glacis, recouvert la nuit avec des nattes ou paillassons, afin de le préserver du serein, mais à la moindre menace de pluie il faut le ramasser. Quand il commence à prendre une couleur d'un vert noirâtre, il est bon de le mettre à l'étuve à bascule, où il doit rester jusqu'à ce qu'il éclate sous la dent et qu'il ait pris une couleur d'un vert pâle; ordinairement une semaine suffit, alors il est bon à piler, ensuite vanner, puis piler de nouveau pour le luster, le vanner une deuxième fois, et enfin le trier; le laisser à l'étuve en sacs jusqu'au moment d'expédier.

Il faut observer, que quand au champ il se trouve du café sec et du café rouge, au fur et à mesure qu'il arrive au moulin, on doit le lancer dans un réservoir plein d'eau, pratiqué au-dessous de la grage et qui communique avec elle par un couloir qu'on ouvre ou bouche à volonté ; le café rouge va au fond, tandis que le sec nage, on retire ce café sec que l'on met dans un autre réservoir à tremper jusqu'au lendemain matin, afin de l'amollir, puis le grager à l'auge circulaire pour ne pas le casser, ensuite le mettre dans un second réservoir pratiqué au-dessous du réservoir à café gragé; on le fait sécher à part, ne donnant que du café trempé à forte odeur et qui n'a plus l'arôme du vrai café gragé, mais est supérieur au café en croc-ros.

On peut aussi écorcer le café à l'auge circulaire, mais dans le réservoir, il faut en séparer la peau soigneusement, parce qu'elle donne une mauvaise odeur à la fève.

Lorsque le café est bien sec(et il ne l'est jamais trop), on le pile dans des mortiers dont la main ne va pas jusqu'au fond, pour ne pas briser la fève, on peut le piler dans l'auge circulaire, mais la roue doit être beaucoup plus lourde que celle avec laquelle on écorce, cette auge circulaire est aussi très bonne pour lustrer. Il y a plusieurs espèces de grages, dont quelques-unes sont compliquées, ou cylindres cannelés et criblés. Il en est une à Rio, inventée, je crois, par un orfèvre, qui est très simple, mais elle a besoin d'une grande précision et de quelques autres perfectionnements. Il faut être quelque peu praticien pour savoir s'en servir, et est meilleure adaptée à une roue à eau; à bras elle est trop dure.

Après cela, il faut avoir de bons moulins à vanner qui séparent parfaitement les qualités de café ; malgré cela il faut encore trier le café fin, car les machines ne peuvent pas ôter les pierres qui sont de la grosseur des différentes fèves, et surtout le café noir ou brûlé qui vient ainsi du champ ; quoique le courant d'eau qui passe sur le café en entraîne une grande quantité.

Il existe aussi une variété de café rond, qu'on trie sur des tables inclinées, il provient ordinairement des vieux pieds, et dans les années où la sécheresse est très grande, ce qui fait avorter une des fèves, ce café est souvent pris pour du moka.

Il y a des moyens pour teindre le café en vert, mais en général ces moyens qui flattent l'œil, détériorent presque constamment la fève et, à moins que la mode, qui est le souverain arbitre en ce monde, n'oblige le planteur du café à s'en servir pour mieux vendre, je conseille de s'en tenir aux moyens naturels que j'ai indiqués.

J'ai indiqué ailleurs la forme des étuves à café, j'ajouterai ici qu'il ne faut jamais dépasser la chaleur de 25 degrés centigrades, autrement la chlorofile fond et donne au café une couleur jaunâtre et un goût de grillé. Ces moyens ne sont bons qu'en Europe, quand on veut donner au café la couleur de celui de Java.

CAJAS

Le cajas est un arbre fruitier, dont le fruit naît sur le tronc et les grosses branches; dans l'intérieur il y a un gros noyau et la pulpe qui l'entoure est très dure; le fruit vient de la grosseur d'un œuf de dinde, mais aplati. Cet arbre croît très lentement et aime le morne.

CANELLIER.

Le cannellier de Ceylan, de la famille des laurinées, est un arbre qui croît à quatre mètres; on le cultive à Ceylan, dans toutes les îles de la Sonde, en Chine, en Amérique, on ne le cultive que par curiosité, il n'y a peut-être qu'à Cayenne où il existe quelques plantations qui versent leurs produits dans le commerce,

Généralement la cannelle préfère la plaine où elle végète avec beaucoup de vigueur, elle demande une grande chaleur et ne commence à s'émonder qu'au bout de 5, 7 à 9 ans et au bout du même espace de temps, on l'émonde de nouveau pour en tirer l'écorce, opération que l'on doit faire quand l'arbre commence à entrer en sève, c'est-à-dire un peu avant la floraison où même pendant la floraison, afin que l'écorce soit plus sucrée et plus aromatique, outre qu'elle se dégage mieux des branches ; comme elle a été émondée, elle pousse par grosses touffes de branches, très rapprochées, qui ont peu de brindilles latérales et poussent toutes droites avec des nœuds éloignés les uns des autres. Pour opérer il faut ôter toutes les feuilles, puis écorcer d'un nœud à l'autre, la gratter pour enlever l'épiderme et la mettre au grand soleil, qui la roule et la colore ; on peut aussi la faire sécher sur des nattes suspendues et recouvertes d'autres nattes, mais elle se colore moins. Il faut une très grande habileté pour bien exécuter la décortication ; quant à l'épaisseur de la canelle, cela vient de l'âge de la branche ; avant cinq ans elle est trop fine et peu aromatique, et passé neuf ans, elle est trop épaisse et a un arôme trop fort ne servant plus qu'à la distillation.

En distillant les morceaux d'écorce cassée avec les feuilles et les brindilles, on en fait de l'huile essentielle et des liqueurs, avec les branches écorcées et les racines distillées on en fait du camphe.

La culture se borne à planter à deux mètres de distance et à entretenir propre, soit à la houe, soit à la manchette ou serpe.

COROSSOLIER

Cet arbre est de la même famille que l'arbre du Conte, mais donne des fruits plus gros ; les feuilles sont persistantes ; le fruit, un peu musqué, n'est pas du goût de tout le monde.

GIROFLIER

Le giroflier, de la famille des myrticées, est un arbre de cinq à six mètres d'élévation. Il charge plus dans la montagne que dans la plaine, et demande une très-grande chaleur, mais à l'abri des vents régnants. Il demande une exposition en regard de la ligne équinoxiale, et n'a besoin que d'être débarrassé des branches mortes ou fatiguées. Il se plante en quinconce en grand, ou bien en allées où il charge davantage, mais toujours à la distance de quatre à cinq mètres en plus, suivant la terre.

Les clous de girofle se recueillent avant que la fleur s'épanouisse, et se font sécher au grand soleil sur des glacis en pierre, ou sur des nattes suspendues, ou encore à l'étuve; plus ils sèchent au soleil, plus ils sont colorés. Les planteurs de café les mélangent avec le café pour le parfumer.

Les feuilles servent à faire de très-bonnes liqueurs, et le clou distillé donne une huile essentielle très-recherchée, celle des feuilles et des brindilles est inférieure; quand on distille, il faut mettre un peu de sel dans l'eau et distiller plusieurs fois de suite.

La culture consiste tout simplement à entretenir propre, soit à la houe, soit à la serpe ou manchette.

Les fruits du giroflier sont connus sous le nom d'onthofles, ils sont moins aromatiques que les clous et mettent deux ans à mûrir. Une plantation de girofliers est éternelle, ou du moins vit fort longtemps.

GOUABIROBA

Cet arbre est, je crois, de la même famille que le corossolier; on le trouve dans les forêts, près des ruisseaux. Les singes sont très-friands du fruit, qui est de la forme d'une sphère aplatie et d'un vert jaunâtre. Son parfum est d'un goût exquis, mais trop acide : on en fait de très-bonnes confitures.

GOUYAVIER

Le gouyavier, de la famille des myrthacées, est un petit arbre à feuilles caduques; la variété à chair rouge donne des fruits de la grosseur d'une petite orange allongée. La variété blanche croît moins et est plus douce; on les mange crûs; les porcs en sont très-friands. On en fait d'excellentes confitures et gelées.

GOURMICHAME

Le gourmichame, arbre de moyenne grandeur, est de la même famille que le précédent. Son fruit a la forme d'une grosse cerise de Montmorency, très goûté, et fait d'excellents ratafias; les feuilles sont persistantes; le bois est très-dur, rouge et très-bon de charpente. Il aime la plaine et vient aussi dans le morne, où son fruit est plus gros.

JAMBOS

Le jambos, de la famille des myrthacées, est

un arbre de moyenne grandeur et donne un fruit de la grosseur d'une pomme d'api, dont la chair a un petit goût de fleurs de rose; le fruit qui est dedans est, dit-on, suspect; chose surprenante : la racine de l'arbre guérit le mal que son fruit fait.

JAPOUTICAVA

Cet arbre est de moyenne grandeur et donne un fruit qui, comme au cajas, sort du tronc et des grosses branches, et est de la même famille. Le fruit du japouticava est d'un rouge violet au lieu d'être rouge comme le jacas, et est plus petit; il est de plus très-doux et est la passion des indigènes; quand on en mange une grande quantité, il enivre et excite au sommeil. Il en existe une autre variété des bois dont le fruit jaune est plus long, mais moins bon.

Il y a aussi un autre arbre qui a presque le même port et les mêmes feuilles et appelé grand japouticava; le fruit est plus gros et a le même goût, mais au lieu de venir sur le tronc, il vient sur le bout des brindilles. On en trouve dans les bois, mais seulement dans les serras.

MANGUIER

Le manguier est un grand arbre de la famille des thérébintacées; il demande beaucoup de chaleur et donne un fruit de la grosseur du poing, très-doux dans les pays très-chauds, mais ayant toujours un goût de thérébentine qui ne plaît pas à tout le monde.

MUSCADIER

Le muscadier, de la famille des myrthacées, est un arbre des parties les plus chaudes du globe. Il s'élève environ à six mètres ; les fruits sont environ de la grosseur d'une orange, contenant chacun une graine grosse, ovoïde, solide et marbrée à l'intérieur et recouvert d'une arille qui se sépare de la peau. On n'emploie que la graine et le macis, qui se vendent séparément. Il y en a deux espèces : la longue, qui est la plus estimée, et la ronde, qui charge davantage.

La seule préparation, après l'avoir cueillie, est de la faire sécher au soleil sur des glacis en pierre ou sur des nattes. On peut extraire à chaud, de la muscade et du macis, de l'huile fixe fortement aromatique; ordinairement on la tire des fruits de qualités inférieures.

NOYER DE L'INDE OU DE BANCOULEN

Le noyer de l'Inde ou de Bancoulen est un arbre qui aime les sables des bords de la mer ou terres sèches, ayant ses feuilles accuminées. Il croît très vite et charge beaucoup; on en fait de très bonne huile à frire; après une ébulition un peu prolongée, l'huile devient douce et peut servir à la table; autrement, elle est purgative comme les fruits qu'il suffit de manger avec du suc de limon pour qu'ils n'incommodent pas; l'huile est très bonne à brûler, et fait de très bon savon vert; elle sert aussi pour la peinture,

ORANGER, CITRONNIER

L'oranger de la famille des aurantiacées. contient une très grande quantité d'espèces et variétés. Je ne dirai rien des citronniers, limoniers, cédrats, etc., qui ne sont que d'agrément ou de remèdes; je ne parlerai que des orangers proprement dits, dont il y a trois grandes espèces : les orangers aigres, les orangers amers et les orangers doux; les deux premières espèces s'emploient pour agrément ou remèdes, bains et fumigations; les derniers se mangent et sont une très bonne nourriture.

Les orangers doux ont beaucoup de variétés, les meilleurs sont les cétectes, les orangers à nombril, les tangernines à feuilles rondes et à feuilles de myrthes ou de girofles, les blanches, les tardives; enfin, celles de la Chine. Pour qu'elles soient meilleures, il faut les écussonner, bien que cette opération les empêche de croître mais les fait charger.

Avec l'écorce encore verte et très épaisse des oranges aigres ou amères, on fait d'excellentes confitures, avec l'écorce sèche des douces, on fait de bonnes liqueurs. On les plante en avenues; mais, en général, ils viennent mieux isolés, à l'abri des vents. On distille les fleurs pour faire de l'eau de fleurs d'oranger, très rerecherchée, non seulement en médecine, mais encore dans toutes les friandises. Toute terre lui convient pourvu qu'elle ne soit pas trop humide ni trop sèche. Dans les pays chauds, ils chargent tellement qu'ils ne vivent pas autant que dans les pays froids.

PISTACHIER VRAI

Le pistachier vrai, de la famille des thérébentacées, est un arbre de quatre à cinq mètres, mâle et femelle. La femelle donne de petites grappes soutenant des fruits appelés pistaches, très goûtés, et que les confiseurs habillent de différentes manières.

Les arbres se plantent en quinconces de quatre à cinq mètres ; ils ne demandent qu'un bon entretien de propreté.

SAPOUCAIA

Le sapoucaïa est un grand arbre de la famille des amentacées, il donne un fruit qui contient une grande quantité de châtaignes allongées qui sont très goûtées. L'arbre donne un des meilleurs bois de charpente du Brésil, de couleur rougeâtre, très dur; le port de l'arbre, et surtout les feuilles, ressemblent au hêtre à feuille de fougère. Il ne vient que dans la montagne et dans la terre argileuse et forte.

THÉ

Le thé de la famille des camelliées, est un petit arbrisseau originaire de la Chine ou du Japon, qui croît de un à deux mètres; il vient dans la montagne ou sur les coteaux, mais il préfère la plaine et les bords des rivières ou ruisseaux qui ne sont pas trop humides; dans ces terres, il croît jusqu'à deux et trois mètres, et les feuilles y sont larges et se roulent facilement.

On le plante au cordeau dans des rangs, à la distance d'un mètre, et de trois à six décimètres de distance dans les rangs; c'est une plante très robuste et dont le fruit n'a besoin que d'être à l'ombre pour germer; il vient mieux semé que planté, coûtant beaucoup à la reprise.

Au Japon, on le plante sur le bord des routes, de très près, et, de cette manière, sert à séparer les propriétés ou les champs.

Quand on le plante en lignes ou cordeau, il est très facile de le sarcler à la houe à cheval, il ne reste plus alors qu'à le nettoyer dans les rangs avec la petite houe ou bèche, ce qui avance le service.

Dans certaines terres, on peut planter du maïs, mais alors le sarclage coûte beaucoup plus.

Confection du Thé.

La cueillette des feuilles ne peut se faire que pendant la grande végétation; au Brésil, de septembre en janvier, qui est le printemps et l'été de ce pays, on ne peut d'ailleurs récolter les feuilles qu'une ou deux fois chaque année, tout au plus trois, pour ne pas trop fatiguer l'arbre.

Quand on voit que l'arbre entre en végétation, on le dépouille de toutes ses feuilles en coupant le pétiole ; on commence par cueillir toutes les jeunes feuilles du bout des branches qu'on découpe avec l'ongle ras la feuille, laissant un petit bout de l'arête, et l'on garde ces feuilles tendres pour faire du thé. Viennent ensuite d'autres travailleurs par derrière qui déchirent toutes les feuilles dures ainsi : (Voir la fig. ci-contre) de manière à ne pas arracher l'œil d'où doivent naître les nouvelles feuilles.

Quand on ne veut pas garder ces vieilles feuilles, on jette toutes les déchirures, mais quand on veut les garder pour la dépense de la maison, il faut les prendre pour en faire du thé grossier ; dans ce dernier cas, on peut aussi couper les feuilles avec un petit couteau. Ces vieilles feuilles ne se roulent pas et ne se font griller sur les plaques que pour les sécher et meurtrir un peu, achevant la dissécation à l'étuve ; étant bien grillées, elles servent aussi à teindre le coton en jaune. En général, plus cette première opération du retranchement des feuilles se fait vite, mieux elle vaut.

Quelques jours après avoir dépouillé l'arbre, plus ou moins, suivant la température et l'humidité, les nouvelles feuilles paraissent et on les laisse croître jusqu'à ce qu'elles aient atteint à peu près leur grandeur naturelle ; mais il faut bien se persuader que plus les feuilles sont tendres et nouvelles, mieux elles se roulent, et meilleure aussi est la qualité du thé. Il faut en conséquence ne dépouiller les arbres qu'au fur et à mesure qu'on peut cueillir et rouler, afin d'avoir toujours des feuilles tendres.

Quand les feuilles nouvelles sont sorties, n'ayant que trois, quatre, au plus huit à quinze jours, on commence la cueillette des feuilles nouvelles. Il faut, pour cela, diviser les ouvriers en deux sections : la première ne doit être composée que des ouvriers les plus intelligents et les plus expéditifs; ils ne doivent cueillir que les feuilles les plus tendres, couper la feuille avec l'ongle du pouce droit là où finit le petisque, et comme la feuille ainsi (*voir figure*), avec la précaution surtout de ne pas endommager le bouton. Cette première récolte fait du thé parfait et doit se confectionner à part. Les autres ouvriers viennent par derrière et achèvent de dépouiller l'arbre. Il se trouve encore beaucoup de bon thé parmi cette seconde cueillette, qui est plus abondante que la première, mais d'une qualité inférieure.

On ne doit cueillir les feuilles que par un temps sec, après que la rosée est dissipée et que les feuilles sont sèches ou à peu près, puis on porte au laboratoire. Quand on veut faire du thé noir, on le met en tas à fermenter jusqu'au lendemain matin pour mettre sur la plaque; mais quand on veut faire du thé vert, il faut immédiatement procéder au grillage afin d'éviter toute fermentation. Pour le thé noir, il faut aussi que la plaque soit à un degré de chaleur tel, qu'on ait peine à y tenir la main, tandis que pour le thé vert, il faut pouvoir endurer la chaleur sans se brûler; outre cela, quand les feuilles sont humides, il faut moins pousser le feu.

La personne qui est occupée au fourneau doit saisir les feuilles avec les deux mains, les ramener en rond de la circonférence au centre, puis les éparpiller sur toute la plaque, avec la précaution de les mettre toujours sens dessus dessous pour bien griller partout. Il faut avoir une très-grande habitude pour faire cette opération; on pourrait y suppléer par un cylindre en feuilles de fer, comme ceux avec lesquels on grille le café; mais il devrait être hermétiquement fermé pour empêcher la fumée d'y pénétrer. Quand les feuilles qui sont sur la plaque se trouvent bien fanées, qu'elles commencent à suer, et avant que la chaleur devienne gênante, il est essentiel de les retirer du feu, de les mettre en tas au milieu du crible plein en bambou sur lequel on les roule; autour de ce crible, les rouleurs s'asseoient à la turque. Chacun doit en prendre une poignée à deux mains, la remuer en rond, et après que les feuilles sont meurtries les unes contre les autres, il les passe à son voisin de droite, qui en fait autant, avec le soin de les presser de plus en plus, lequel les passent à un autre, et ainsi de suite jusqu'au dernier. Après ce travail, elles sont déjà un peu sèches et gluantes, on les met en tas pour les faire refroidir, puis on recommence avec les feuilles du premier tas du milieu jusqu'à la fin.

Quand on a fini de meurtrir toutes les feuilles qui ont passé sur la première plaque et ont été travaillées sur le crible, on met ces feuilles sur une seconde plaque plus petite, on les remue comme la première fois, et quand elles ont atteint un suffisant degré de chaleur, on les met une seconde fois en tas sur le milieu du crible pour les rouler.

L'opération que je viens de citer donne beaucoup de travail, mais pourrait être simplifiée en mettant les feuilles dans un sac bien fermé et pressé, puis mis en pied sur une petite table faite avec un bout de large plançon creusé au milieu, en forme de gamelle ou de bénitier de 5 à 6 centimètres de profondeur, on recouvrirait le sac avec un mortier en bois creusé de 16 à 33 centimètres, et tenant au plafond par une perche qui y serait maintenue par un anneau dans lequel passerait une corde, afin d'alléger ou laisser peser le mortier à volonté. Ainsi la personne qui mettrait le mortier en mouvement circulaire, lui ferait presser le sac de plus en plus, et produirait le même effet que les mains sur le crible plein.

Venons maintenant à la troisième opération. Toutes les feuilles étant en tas, chaque rouleur, au lieu d'en saisir une poignée, n'en prend que cinq ou six, les attirant de la main gauche et les éparpillant devant soi, il en presse deux ou trois entre le crible et le plat de la main droite, puis donne un tour de main; enfin, de la main gauche, il les pousse à son voisin de droite, qui recommence la même opération. De cette manière, quand elles arrivent au dernier rouleur, elles sont bien roulées; mais il faut avoir une très-grande habitude, autrement le travail est manqué. Après cela, il faut retourner sur la plaque, ou sur une troisième plus petite, et l'on continue ainsi jusqu'à parfaite dessication; plus le travail touche à sa fin, moins on fait de feu; après cela, on conserve le thé à l'étuve presque froide.

On pourrait encore abréger cette dernière opération en se servant de deux petites meules en bois, celle de dessous fixe, convexe et recouverte soit d'un crible en bambou, soit de petites dents en quinconce, comme celles dont on se sert pour les crosses de fusil, mais un peu plus grosses; la seconde meule serait concave, dentée comme l'autre, mais mobile avec un trou au milieu, absolument comme celles dont on se sert en Bretagne pour monder le blé noir ou sarrazin, ou même l'orge; il faudrait seulement mettre sous les meules les feuilles encore humides et chaudes, autrement on les réduirait en farine.

Après que le roulement est achevé, il ne reste plus qu'à vanner et à passer dans des cribles de différentes grosseurs, ronds ou longs, pour en obtenir les différentes variétés; c'est aussi le moment de parfumer avec les feuilles de différents aromates, si on ne l'a pas fait au premier roulage.

Quand on conserve à l'étuve, il faut tenir le vase bien fermé; les Chinois se servent d'urnes de porcelaine qui sont moins poreuses que les boîtes en fer blanc.

Les feuilles dont les Chinois se servent pour parfumer leurs thés sont : les feuilles de camellia sesenquoi, de badiane ou anis étoilé de la Chine, pour le thé vert; de fleurs de nyctantes ou mogerium sambac, de vitex pinnata, de chlorantus inconspicuus, d'olea fragrans, de racines d'iris et du curcuma pour lui donner une couleur jaune, surtout pour le thé qui sert à la teinture.

C'est une grande erreur de semer le thé à seize centimètres de profondeur ; on doit, au contraire, le semer à fleur de terre, à peine recouvert et abrité des rayons solaires.

En France, on pourrait très-bien le cultiver en pots de terre qu'on ramasserait en orangerie l'hiver comme on le fait des orangers, mais on ne devrait faire qu'une seule récolte des feuilles.

Tous les quinze jours, ou tous les mois, quand on le garde, il faut le passer sur la plaque, ou bien augmenter la chaleur de l'étuve, pour l'empêcher de moisir. Cette opération est inutile lorsque le magasin à thé est adossé à la cheminée de cuisine, dans laquelle il y a une plaque de fer. Lorsque les tiges sont épuisées, on les coupe à ras terre, afin de faire pousser les autres tiges qui font d'excellent thé.

THÉ DU PARAGUAY

Le thé du Paraguay ou mate et congonha est un arbre de la famille des celastrinées, du même genre que le houx de France. Il en existe à l'état sauvage dans la Serra des bords de la mer du Brésil, depuis Sainte-Catherine jusqu'à Ubatuba; dans ce dernier lieu, il vient pêle-mêle avec l'arbre casca d'antas ou drimis ninteri, dont l'écorce est si bonne pour la dyssenterie et le choléra.

Les feuilles de l'ilexe mate sont cunéiformes ou lancéolées, oblongues, et un peu obtuses, offrant sur leurs contours des dents éloignées; les branches prennent très bien par boutures. Quant à la culture, il suffit de le planter en quinconce et de le débarrasser des mauvaises herbes.

Le moment de récolter les feuilles est au mois d'août jusqu'en novembre. On les coupe soit avec un couteau, soit en les arrachant à la main pour aller plus vite. Il faut les laisser fermenter la nuit jusqu'au lendemain matin, elles peuvent même rester quelques jours, ensuite on les fait griller sur un fourneau en terre ou en fer, en les meurtrissant préalablement comme pour le thé de la Chine, mais dans un mortier de bois, puis on les met sécher sur le fourneau.

UBACOUPARI

L'ubacoupari (que je crois être très rapproché du mangoustan de l'Inde) est aussi un petit arbre qui charge beaucoup et donne un petit fruit de la forme d'une poire blanquet, assez goûté, et que tous les animaux terrestres aiment beaucoup. Des incisions faites à l'arbre donnent une gomme.

VIGNE

La vigne est une plante grimpante que tout le monde connaît, et est de la famille des vinifères; et comme toutes les plantes cultivées depuis un temps immémorial, elle a une grande quantité d'espèces et variétés. De cette variété d'espèces, ainsi que de la qualité du terrain, de température, de la manière de cultiver la plante et de fabriquer le vin, dépendent les qualités du liquide.

Il y a en général deux grandes classes de vin, le blanc et le rouge; le blanc provient du raisin blanc ou du raisin rouge que l'on n'a pas fait cuver; et le rouge provient des raisins rouges que l'on a fait cuver. Dans les pays chauds et secs, on laisse la grappe dans les arbres jusqu'à ce qu'elle soit bien mûre, fanée où même demi cuite par le soleil, ce qui fait produire moins de jus, mais donne un vin fort et d'une qualité supérieure, assez ordinairement aussi dans ces pays, ou traite la plante en échalas plus ou moins élevés suivant l'usage du pays, et dans les pays froids et humides, où l'hiver est rude, il faut enfouir en terre le tronc pour le préserver des gelées; on le tient de 65 à 80 centimètres au dessous du sol. Au printemps, avant que la sève ne se manifeste, il faut procéder à la taille, qui consiste à couper net toutes les branches qui poussent du bas au dessous de la tête, auxquelles on laisse plusieurs branches mères, ensuite on taille les jeunes branches de trois à quatre yeux, et quand la plante est encore jeune et vigoureuse, on laisse de distance en distance une branche de cinq et six yeux qu'on attache à l'échalas avec les branches coupées que l'on tord, ou toute autre branche d'arbuste flexible comme l'osier. Plus le climat est chaud, plus on doit élever les échalas.

Quant à la culture du sol, elle consiste à le bêcher au moins deux fois par an, c'est-à-dire une fois à la fin de l'hiver, en mettant une partie des racines à nu, la terre étant en buttes ou sillons, puis en l'éparpillant quelques mois plus tard; enfin, sarclant encore deux fois avant de cueillir.

Il est préférable de planter en planches, afin de faciliter l'écoulement des eaux; ailleurs, on plante aux pieds des murs en pierres sèches, dont on entoure les coteaux très-escarpés.

Lorsque l'époque de la récolte est venue,

suivant le pays, on coupe les grappes de raisin que l'on met dans des paniers propres à cet usage et que l'on va décharger dans des barriques placées sur des charrettes pour ne rien perdre du jus ; puis on porte au pressoir ; rendu là, on décharge dans les grandes auges plates du pressoir où des hommes chaussés de gros sabots se mettent à fouler le raisin ; le jus coule au-dessous et se met dans des barriques qui sont plus tard remplies avec le jus sorti de la presse, ce qui fait du vin vert. Quand on veut du vin meilleur, on fait cuver le jus avec les écorces écrasées, après en avoir extrait la grappe dégarnie ; on laisse ce mélange dans de grandes cuves recouvertes, jusqu'à ce que la fermentation tumultueuse se soit ralentie ou que le vin soit assez coloré ; on foule et on laisse encore fermenter pour mettre de nouveau à la presse.

Une fois que le vin est dans les pipes, la fermentation continue ; il faut chaque jour, le matin, à midi et le soir, remplir chaque pipe ; on emploie des cols de cygnes en fer blanc pour empêcher l'air de pénétrer. Quand il n'y a presque plus de fermentation, on soutire et on colle ; dans de certains lieux, on y ajoute un peu de soufre. Il faut mettre la pipe nouvelle sur le côté pour garder jusqu'à soutirer de nouveau ;

mais quand on veut avoir du vin mousseux, on met en bouteilles avant que le vin ait cessé de fermenter; puis on soutire en bouteilles pour ôter le dépôt; enfin, on bouche et on attache avec des fils de fer.

Lorsque les vins sont aigres, on les bonifie beaucoup en y ajoutant du sucre, de l'eau-de-vie, du vin de muscat, etc., ou des aromates.

Au Brésil on peut aussi faire de bons ratafias avec des fruits de gourmichames, de bibaciers, en les mettant dans de l'eau-de-vie et du sirop de sucre en quantité suffisante.

ARTICLE III

Plantes propres aux Manufactures et aux Arts.

Les plantes propres aux manufactures et aux arts sont très nombreuses.

On y distingue les cotonniers, les mûriers à vers à soie, dont le fruit sert aussi à nourrir les hommes et les animaux, surtout la volaille; les cactus, qui nourrissent l'insecte qui produit la cochenille, l'indigotier, la garance, la gaude, les safrans, carthames, le rocou, les nombreuses espèces de bois de teinture, et ceux dont l'écorce est propre au tan, d'autres à la pharmaie; les nombreuses espèces de palmiers dont on fait de la filasse, des câbles, de l'huile à frire, du vin, de l'eau-de-vie, du sucre, de la cire, des fécules; l'arbre à suif, l'arbre à cire, l'arbre à onette, le bambou, le rotin, toutes les plantes marines dont les cendres font de la soude, et toutes celles de l'intérieur dont les cendres font de la potasse.

Plantes basses

propres aux Manufactures et aux Arts

BAMBOUS

Il y a un grand nombre d'espèces et variétés de bambous; il en vient de l'Inde, de l'Afrique et de l'Amérique méridionale. Il y en a de gros comme le bras, les uns pleins, les autres creux; d'autres de la grosseur du poignet; enfin, de plus petits, soit unis, soit à brosses. Le plus petit de tous est un excellent fourrage pour les bœufs et les chevaux; tous servent à faire des chevrons, des lattes, des cribles, des paniers, des cages, des nattes et entourages; enfin, des vergues et mâts de petites barques. Ces plantes viennent dans les montagnes, à différentes hauteurs, suivant les espèces. Ces plantes sont très utiles pour les habitations rustiques. Le bambou de Chine fait d'excellentes haies et cribles pour séparer les différentes espèces de thé ou café.

CACTUS A COCHENILLE

Le cactus ou nopal, est une plante qui croît dans les plaines sableuses les plus arides; il y en a d'une grande quantité d'espèces; deux sont utiles en nourrissant l'insecte à cochenille, et spécialement l'espèce à épines que l'on voit partout au Brésil; l'espèce sans épines est, dit-on, de Mexico. Je présume que les insectes qui vivent sur chacune des deux espèces ne sont pas semblables; j'ai longtemps essayé d'étudier l'insecte des deux espèces, mais sans succès.

Suivant le climat et l'année sèche ou humide, on fait chaque année de deux à quatre récoltes; il suffit pour cela de dégager l'insecte avec une grosse plume dont la barbe est taillée assez courte, et, chaque soir, on fait périr l'insecte en le jetant dans l'eau bouillante ou dans une petite étuve assez chaude, ensuite on le porte au soleil, pour, après, achever à l'étuve.

Quant à la culture, on plante l'arbuste en quinconce, de deux en deux mètres, on entretient propre, soit à la houe, soit à la serpe.

Le suc du nopal a le renom d'être vénéneux; la plante prend de bouture ou de graine.

CARTHAME

Le carthame, de la famille des Cynanthérées, est originaire d'Orient; il se cultive aussi en France et en Allemagne; ses fleurons servent à la teinture en jaune; il se sème en rangs et ne demande qu'à être débarrassé des mauvaises herbes; on s'en sert pour frauder le safran cultivé.

CHANVRE

Le chanvre, de la famille des rutacées, est une plante annuelle originaire des parties orientales de l'ancien continent; il se cultive bien partout, dans les pays tempérés comme sous les tropiques, et exige une terre sableuse et fertile, plutôt de plaine que de montagne. Il se sème au printemps en Europe, de juillet à septembre au Brésil. Il y en a de différentes variétés; celui d'Europe, le grand, importé du Piémont; le petit, importé de la Russie; et, en Afrique, une autre espèce dont les nègres se servent en guise de tabac pour fumer; on doit le semer assez près pour qu'il ne fasse pas de branches latérales.

En Europe, on ne s'en sert que pour en faire de la filasse; quand le pied commence à jaunir, on l'arrache pour le mettre en botte qu'on laisse en pied pour achever la dissécation, puis on le met symétriquement dans des trous remplis d'eau, en ayant soin d'y faire passer un petit courant d'eau pour empêcher la fermentation. Au bout de huit ou quinze jours, trois semaines au plus, suivant la température, la bourre est désorganisée sans que la filasse souffre; mais il est prudent de changer d'eau tous les huit jours pour ne pas avarier la filasse. Il faut ensuite l'étendre en rond dans le pré pour avoir un peu d'air, et quand il est bien sec, et que la bourre se brise facilement, on la passe au moulin à dents, appelé battoir, et disposé ainsi. (Voir la figure).

On prend une poignée de chanvre, tant que peut en tenir la main gauche, pour pouvoir ouvrir la machine de la main droite, puis on frappe d'abord doucement, et de plus fort en plus fort, et, à chaque coup, on a soin de tirer la filasse de la main gauche en la changeant de place; après cela, on passe au peigne fixe en fer, ensuite en poupées, et l'on porte au marché.

La graine rend beaucoup d'huile à brûler et est propre aux arts.

CURCUMA OU SAFRAN DES INDES

(Zédoaire)

Curcuma, plante basse, de la famille des amomées, à tubercules, se conserve en terre deux ou trois ans; elle préfère les plaines un peu humides et vient par touffes. Une fois qu'il y en a dans un endroit, on ne peut la détruire que très difficilement; on s'en sert pour la teinture en jaune, que l'on fixe avec de l'alun. Elle est aussi employée en pharmacie; elle ne demande qu'à être dégagée des mauvaises herbes. La racine ressemble beaucoup au gingembre.

GARANCE

La garance, plante vivace, est de la famille des rubiacées, sa racine sert à la teinture en rouge. La garance exige, pour sa culture, un terrain substantiel et profond; elle préfère les plaines dans lesquelles on creuse des fosses de 60 centim., pour y mettre des éclats provenant des vieux pieds. Il faut entretenir propre, et chaque fois que l'en bine, on doit butter de manière à ce qu'au bout de trois ans la fosse soit à fleur de terre; la racine se trouve mûre à cette époque, on l'arrache et on la lave pour en dégager la terre, puis on fait sécher au soleil ou à l'étuve; on la met en bottes pour porter au marché.

Outre la teinture, la garance peut encore donner de l'eau-de-vie, et ses infusions théiformes servent dans les maladies des os.

GAUDE

La gaude, plante basse, de la famille des résédacées, est indigène d'Europe où elle croît partout dans les terrains secs, surtout autour des maisons et sur les vieux murs; on la sème en rangs, de 30 centim. environ de distance, elle n'a besoin que d'un bon entretien de propreté. Quand elle entre en fleur on la coupe ras-terre, puis on la fait sécher au soleil ou à l'étuve.

Elle sert à teindre en jaune, couleur que l'on fixe avec de l'alun.

GINGEMBRE

La culture est la même que celle du safran des Indes.

INDIGOTIER

L'indigotier, de la famille des légumineuses, est un petit arbuste qui croît de 60 cent. à 1 mètre; il y en a plusieurs variétés qui se cultivent toutes de la même manière; elles croissent dans la montagne et dans les plaines, mais préfèrent ces dernières, surtout quand elles sont sableuses, pourvu qu'elles ne soient pas trop humides.

Aussitôt que le terrain est propre, on dresse des rayons à environ 45 centimètres de distance les uns des autres, le plus droit possible, et ayant à peine 2 centim. de profondeur, on y sème les graines assez dru, que l'on recouvre avec un petit rateau en fer. La graine germe au bout de quelques jours, il faut en outre avoir l'attention de la biner et d'entretenir le plus propre possible. Quand elle a de sept à 15 centim. d'élévation, on butte, et si la saison est sèche, on recommence au bout d'un mois, en ayant soin de remuer un peu la terre entre les rangs. A cette époque, il faut avoir le soin de visiter souvent les plantations, afin de tuer les chenilles au fur et à mesure qu'elles paraissent, autrement vous pouvez perdre votre plantation dans une nuit ; on ne doit pas manquer d'arroser quand l'année et le terrain sont trop secs.

Quand les plantes sont pour la plupart toutes en fleur, il faut les couper à ras-terre, les mettre en petites bottes, puis porter au moulin ; là on les meurtrit un peu avec des maillets pour les mettre ensuite dans le vase à fermenter. Ordinairement un gros arbre creusé et bien arrangé à cet effet, remplit le but. On y met de l'eau jusqu'à ce que les plantes disparaissent, et 3 centim. environ au-dessus, ensuite on recouvre avec des planches minces chargées pour que les plantes restent sous l'eau, et la fermentation a lieu.

Il faut avoir trois cuves mises les unes au-dessous des autres, celle de dessus sert à la fermentation ; celle du milieu, pour battre ; et celle de dessous, comme reposoir.

Assez ordinairement, suivant la température, les branches et feuilles mises à fermenter le soir, le sont assez le lendemain matin ; ce qui se reconnaît à la teinte verte de l'eau dont la surface présente un reflet cuivré, qui bientôt est converti en une couche de matière épaisse et violette mélangée, puis le liquide prend une couleur dorée semblable à celle de vieux cognac; en en mettant un peu dans un verre, elle dépose au fond de la matière colorante réunie en petits grains. Rendu à ce point, on fait écouler dans le battage en y ajoutant environ dix-huit pour cent d'eau de chaux de pierre à chaux ou de marbre (carbonate de chaux), et nom de coquillage (qui est du phosphate de chaux) ; on procède alors au battage. Autrefois on se servait de busquets qui étaient formés avec un, deux ou trois petits morceaux de planches emmanchées, fixes au bout d'un bâton, ce qui était très long, et donnait un très grand travail sans compter la perte que l'on essuyait par le liquide qui s'en allait du vase. Depuis on a adopté la petite machine à faire le beurre, mais en grand, qui consiste en une caisse longue, recouverte de son chapeau pour ne rien perdre; cette caisse est traversée dans sa longueur par un arbre horizontal orné de palettes isolées, afin de mieux battre le liquide, lequel est mis en mouvement par un va-et-vient quelconque ou pour une grande exploitation, par un moulin à engrainages, mû par des animaux ou à eau.

Lorsque l'on s'aperçoit que l'indigo est séparé du liquide, on le fait écouler dans le reposoir, où il reste jusqu'à ce que le liquide soit presque clair et que la matière soit bien reposée. Alors on fait écouler de nouveau le liquide peu à peu par des trous de chevilles qui sont à un bout du reposoir, les uns au dessus des autres, commençant petit par le trou supérieur; ce courant d'eau doit tomber dans une petite dalle qui le transporte dans un entonnoir, lequel se trouve au milieu d'un autre vase appelé diablotin, assez profond, où il plonge à 20 cent. au plus.

La bouche de l'entonnoir doit être au-dessus du niveau du vase, afin que toute la matière colorante échappée dépose au fond du vase (diablotin) ; tandis que le liquide sort par un petit trou pratiqué à la surface du vase.

Lorsque tout le liquide, qui était dans le reposoir, s'est écouléet qu'il ne reste qu'une pâte d'un bleu noirâtre, l'on fait écouler aussi dans le diablotin en lavant bien le reposoir. Après que tout est réuni, on en tire la pâte que l'on met dans des sacs de toile assez serrée, on laisse égoutter, et lorsque l'on s'aperçoit que la pâte est demi-ferme, on vide les sacs, et l'on étend la pâte dans des caisses ayant à peine sept centim. de profondeur et d'une grandeur moyenne pour les transporter facilement; on les met les unes au dessous des autres, en étagères dans un coin du hangar; on doit avoir le soin, quand il fait du soleil, de les y exposer; la pâte se séchant de plus en plus, finit par se fendre et se séparer de la caisse, ce qu'on facilite en la fendant par petits carreaux.

Quand l'indigo est parvenu à ce point, on le met dans de grandes barriques où il doit rester quinze jours à trois semaines, pour subir une seconde fermentation, à la suite de laquelle il se couvre d'effervescences blanches; on l'expose au soleil de nouveau pour le faire sécher, ou mieux à l'étuve.

Dans cet état, l'indigo est propre à la vente sous le nom d'Indigo du commerce dont il y a une très grande quantité de variétés, toutes d'un prix plus ou moins élevé, ce qui dépend des soins que l'on a pris à sa fabrication; malgré cela cet indigo est loin d'être pur : la matière colorante bleue est alliée avec une résine rouge soluble dans l'alcool; une autre matière rouge verdâtre soluble dans l'eau, du carbonate de chaux, de l'alumine, de la silice, de l'oxide de fer et d'autres sels à base de magnésie, de potasse et de chaux. Ces principes et ces sels étrangers à l'indigo, y sont dans une si forte proportion, qu'il y a des indigos du commerce qui perdent jusqu'à 65 p. 0/0 par leur purification, au moyen de plusieurs traitements successifs par l'eau, l'alcool et l'acide hydro-chlorique. (GUILLEMIN.)

M. Chevreuil a publié l'analyse suivante :

En dissolution dans l'eau.	Ammoniaque. Matière verte. Un peu d'indigo oxigène. Extractif. Gomme.	12	
En dissolution dans l'alcool.	Matière verte. Résine rouge. Un peu d'alcool.	30	
			42
En dissolution dans l'oxide hydro-chlorique :	Résine rouge.		6
	Carbonate de chaux.		2
	Oxide rouge de fer. Alumine.		2
Résidu fariné :	Silice.		3
	Indigo pur.		45
			100 58
			65 0/0

D'où l'on voit que, si les planteurs, après avoir obtenu leur indigo propre à la vente, le purifiaient d'abord à l'eau, puis à l'alcool, qu'on peut se procurer à bon marché dans les colonies, ils gagneraient déjà 42 p. 0/0 du fret; et si l'acide hydro-chlorique n'était pas trop cher, ils gagneraient 65 p. 0/0 de fret, défalcation faite de la valeur de l'eau-de-vie et de l'acide chlorique; opérations qu'ils pourraient faire dans les moments où l'on ne peut travailler aux champs.

IPÉCACUANHA

L'Ipécacuanha, très bien décrit dans les dictionnaires des drogues de MM. Richard, Chevalier et Guillemin, est une petite plante qui atteint à peine un pied d'élévation, vient par touffes à feuilles longues et étroites, vertes en dessus blanchâtres en dessous, et couronnées par une petite touffe de fleurs blanches presque sans odeur; l'ipécacuanha annelé est préférable au blanc, plante dont on se sert pour remplacer l'annelé; les racines de celui-ci, de la grosseur d'une petite plume à écrire, sont toutes par nœuds, et poussent en zig-zag.

Cette plante préfère la terre sablonneuse des plaines, et se cultive très bien dans les jardins, mais il faut la garantir des porcs qui en sont très friands ; c'est un excellent vomitif dont les Indiens se servent beaucoup.

LIN

Le lin, de la famille des linacées, est une petite plante, originaire suivant la chronique, du haut plateau du centre de l'Asie, elle est annuelle. Il y en a de trois variétés, du moyen et du petit, la plus grande différence qui existe entre elles vient de l'époque du semis Cependant ses variétés se maintiennent, et l'on doit toujours les semer à leur époque, on choisit à cet effet les graines les plus grosses et les mieux nourries. En général on sème dru, afin que les plantes croissent, très rapprochées sans branches latérales, et pour la faire croître davantage, sans qu'elle verse, et pour que la filasse soit plus fine. Après l'avoir biné pour la dernière fois, on y pique de petits branchage de 50 à 60 centimètres d'élévation, qui les garantit contre les vents et les grandes pluies.

Le lin exige un terrain substantiel, fertile, et en outre, largement fumé, frais, sans être trop humide et préparé par de nombreux labours. On doit le biner au moins tous les quinze jours ou trois semaines, et de même que le chanvre, aussitôt que les feuilles commencent à jaunir, on l'arrache et on le traite absolument comme je l'ai indiqué plus haut (voir le chanvre).

Les graines de lin font d'excellente huile pour la pharmacie et dans les arts.

LIN DE LA NOUVELLE-ZÉLANDE

Le lin de la Nouvelle-Zélande est une plante du genre de l'aloës, mais n'a pas d'épine au bout de la feuille. Il donne une grosse filasse, propre à faire des cordes d'une force extraordinaire.

RICIN

Le ricin, de la famille des euphorbiacées, est une plante qui ne vit que deux ou trois ans, davantage dans de certains parages. Il y en a plusieurs variétés, de blancs, de rouges, de violets, et de différentes grandeurs ; à épines ou sans épines ; les deux variétés blanches sont préférables pour la fabrication de l'huile qui porte ce nom ; les autres espèces ne s'emploient qu'à faire de l'huile à brûler ou du savon.

La meilleure espèce pour remèdes, est la petite blanche à fruits épineux, mais la fève est si petite qu'elle ne rend presque rien ; vient ensuite la grande blanche à fruits épineux; enfin, la grande blanche à gros fruits, sans épines; elle vient, je crois, d'Angola (Afrique).

Pour la culture en grand, on sème dans les champs de riz, où le sol n'est pas inondé, ou bien dans les champs de haricots ou de maïs, au fur et à mesure qu'on façonne le riz, les haricots ou le maïs. Il faut avoir le soin d'étêter le ricin, pour que les branches se multiplient le plus possible, et aussi les grappes qui naissent aux aiselles des branches; quand les plantes basses sont récoltées, reste le ricin qui mûrit et que l'on récolte quelques mois plus tard.

La récolte se fait successivement, à mesure que les grappes mûrissent; il suffit qu'elles aient la moitié ou les deux tiers des grains noirs pour cueillir la grappe, parce que, plus tard, elles perdent beaucoup de fruits qui s'ouvrent au soleil, tombent à terre, et disparaissent.

On doit couper les grappes avec une petite serpette mise au bout d'un bâton, même simplement avec un crochet, afin d'éviter de briser les branches en les courbant avec la main. La cueillette faite et les grappes récoltées, on les étend au soleil sur un bon glacis, bien propre, en ayant le soin de les ramasser tous les soirs, quand on s'aperçoit que la coque est ouverte; on forme un tas de toutes ces grappes qu'il faut battre avec une petite verge fine, longue et flexible, en employant peu de force ; le fruit se dégage de la coque, on le sépare et on le garde ; quand on veut en faire de l'huile, il est urgent de les étendre plusieurs fois au soleil.

Il y a deux manières de faire l'huile ; celle à brûler dont on tire davantage, et celle à remède, crue, qui rapporte biens moins.

Pour faire l'huile à brûler ou à savon, on commence à faire griller le fruit jusqu'à ce qu'il commence à éclater dans sa peau ; si l'on veut faire de l'huile demi-blanche, on doit tirer la peau à la main, pour après cela piler au mortier jusqu'à ce que l'huile paraisse sur la pâte. Alors on met le tout dans une bassine en cuivre avec environ quatre à cinq fois autant d'eau qu'il y a de pâte, en y ajoutant un peu de cendre pour mieux dégager l'huile ; puis on fait cuire lentement, jusqu'à ce que la pâte se dégage bien de l'huile, et ensuite on laisse reposer pour pouvoir tirer l'huile, ce qui se fait avec une petite cuiller.

Lorsqu'on ne veut pas se donner la peine d'ôter la peau, on pile le tout ensemble, on tire autant d'huile, mais elle est plus rouge, et ne ne peut servir en médecine étant corrosive.

Quant à l'huile qu'on obtient à froid, comme purgative, elle demande plus de travail et ne rend que la moitié ou les deux tiers des autres.

Voici la manière de l'extraire :

On commence par chauffer légèrement les graines dans une bassine, afin de faciliter l'opération de monder, puis réduire en pâte la plus fine possible ; ensuite, dans un sac de coutil que l'on soumet à la presse (dans une étuve autant que possible), ou seulement entre des plaques chaudes, et après faire passer au filtre dans un papier gris dans une étuve. Beaucoup de personnes pilent seulement avec leur enveloppe testacée, puis soumettent à la presse. On fait aussi bouillir la pâte dans quatre à cinq fois son poids d'eau jusqu'à ce que l'huile se dégage bien, et après on la sépare de son dépôt. Quel que soit le procédé employé, la plus belle est toujours la plus blanche avec une petite teinte verdâtre.

PAVOT

Le pavot, de la famille des papavéracées, est la plante dont on tire l'opium ; en Europe il y en a dans tous les jardins comme fleurs d'agrément, il y en a de plusieurs nuances, on en distingue plusieurs espèces, depuis le rouge des champs, jusqu'au grand double des jardins, velus ou non.

La variété dont on se sert est le grand pavot blanc simple, les peuples d'Orient en incisent les capsules à la nuit et même les tiges dont il sort une matière laiteuse qui s'affermit au serein de la nuit et que l'on ramasse le lendemain matin, c'est ce qui devient l'opium du commerce.

Quand ce suc est recueilli, on l'expose, dans des pots, au soleil jusqu'à ce qu'il épaississe; après on en forme des gâteaux que l'on expose de nouveau au soleil, sur des plats de terre jusqu'à parfaite dissécation, ensuite on les enveloppe dans des feuilles de tabac, ou simplement de pavot.

Depuis quelques années en Europe, on a tenté de retirer de la morphine avec les tiges et les feuilles vertes pilées de la plante; toute la question consiste à savoir si cette méthode peut donner du bénéfice, c'est à la chimie à décider la question.

La culture est très facile, elle se borne à semer les graines à la volée sur un terrain propre, et à nettoyer la plante au fur et à mesure qu'elle grandit; elle aime la terre friable et sèche, et vient mieux de semence que de plantation, à cause de son énorme pivôt.

ROCOUYER

Le rocouyer, famille des bixacées est un petit arbrisseau de deux à trois mètres d'élévation qui vient partout, dans la plaine comme dans la montagne. Il donne une espèce de fruit épineux rempli de semences enduites d'une matière qui sert à la teinture en rouge sur bois. Les Indiens de la Guyane, des bords du fleuve des Amazones, et de l'Amérique du Nord s'en servent pour s'en frotter le corps afin de se garantir des moustiques et cousins et, aussi pour se donner une physionomie plus affreuse à la guerre, ce qui leur a valu des Américains le nom de peaux-rouges, qui est un cri de mort.

Cette plante ne demande qu'à être dégagée des mauvaises herbes qui l'ombragent; les graines se font sécher au soleil.

SAFRAN CULTIVÉ

Le safran cultivé, de la famille des iridées, est indigène d'Orient, et donne une bulbe de la grosseur d'un œuf de poule; il préfère les coteaux ou du moins les plaines sèches. On le cultive par rangs de trente en trente centimètres de distance et ne demande qu'à être entretenu propre. Ses stigmates servent à la teinture en jaune; en pharmacie c'est un stimulant, et un anti-spasmodique, mais à grandes doces, demi gros et plus, il cause des accidents. Quand une safrancerie est en fleur, il faut chaque matin cueillir les stigmates, autrement on perd beaucoup de fleurs : on doit faire sécher à l'ombre ou à l'étuve.

Plantes marines de l'Intérieur

dont on fait des cendres qui servent à la confection de la soude et de la potasse.

Toutes les plantes herbacées ou basses, qui croissent à une distance telle des bords de la mer, que les eaux salées, ou même simplement les exhalaisons de l'Océan, peuvent les atteindre, sont propres à faire de la soude avec leurs cendres.

De même toutes les plantes de l'intérieur qui ont été brûlées en plein air, sont propres à faire de la potasse.

On établit un hangar dans le milieu d'un abatis, dans lequel on monte sa machine, puis on fait brûler tous les branchages et feuilles jusqu'à ce que la quantité de cendre soit suffisante, laquelle on met dans une chaudière remplie d'eau, et lorsque la liqueur a pris une couleur jaune assez foncée, il faut laisser écouler goutte à goutte dans les dalles, qui sont chauffées par la vapeur sortant de la chaudière en *a*. Il est bon que ces dalles aient une pente très douce, et même soient recouvertes de toiles en gros coton pour faciliter l'évaporation. De temps en temps, on remet dans la chaudière la liqueur parvenue au réservoir du bas; on change aussi la cendre de temps en temps en y ajoutant de l'eau quand cela est nécessaire. Quand la lessive paraît concentrée, on ne laisse plus couler, puis on pousse le feu jusqu'à ce qu'elle devienne très épaisse dans le réservoir *b*, ensuite on la tire dans un vase pour refroidir, et achever de la dessécher au four à reverbère ou à l'étuve.

Les dalles doivent être doubles, les parties supérieures en zinc et celles inférieures en bois, dans lesquelles sont encastrées les premières, tandis que la vapeur *a* circule entre les deux dalles superposées l'une à l'autre (*voir la fig.*).

Arbres propres aux Manufactures
et aux arts

Arbre a la ouate, ou imbiroussou.

Arbre a suif, a cire.

Arbre a pain, a chataigne pour l'écorce.

Carnauba à chandelles.

Copal tendre ou jataï, résines.

Copal dur ou gouaracouï, résines.

Copahu ou coupaïba, huiles.

Il serait trop long d'en faire ici l'énumération, il faudrait un volume.

COTONNIER

Le cotonnier, de la famille des malvacées, est un arbrisseau qui peut croître de deux jusqu'à cinq mètres, suivant l'espèce ou les variétés qui sont nombreuses, dont chacune choisit son terrain particulier, quoique en général elles préfèrent toutes une terre argileuse rouge. Elles viennent très bien dans la montagne où elles chargent davantage que dans la plaine, leurs cocons n'ouvrant bien que dans les lieux secs, mais riches en rosée.

Il y en a deux espèces bien distinctes : l'une à feuille velue, importée de l'Inde, quoiqu'il s'en trouve en Amérique sous le nom de coton herbacé, parce qu'il croît peu; on l'appelle aussi à courte soie. Son cocon fleurit presque toute l'année et mûrit de même, ce qui nuit à la récolte, ne pouvant en cueillir que peu par jour. Elle se plante à deux mètres de distance et ne se sèvre pas.

Il existe aussi une variété à poil couleur nankin, qui est assez rare, et qui fut importée de la Chine.

L'autre espèce est celle cultivée, laquelle rend le plus parce que ses cocons mûrissent ensemble. Il est appelé à longue soie, se plante à trois et quatre mètres et plus ; il est nécessaire de l'étêter pour multiplier les brindilles à l'extrémité desquelles viennent les fleurs. Après la récolte, dans les pays chauds, et au printemps, dans les pays tempérés, on doit sevrer à six pouces au dessus de terre pour faire pousser de nouveaux rejetons, dont on ne laisse plus tard que trois à quatre dans certains lieux.

Une plantation de coton dure de longues années ; on peut la faire de semences et de boutures, mais dans les pays où il gèle, il faut en semer tous les ans en pépinières que l'on recouvre pendant le froid.

Après avoir cueilli le cocon bien ouvert, il faut l'étendre sur des glacis en pierre ou ciment bien propres, pour qu'il soit bien blanc et divisé, puis on le met en magasin. Lorsque le temps est au sec et clair, qu'on ne craint aucune pluie, on le laisse passer quelques nuits au serein, ce qui le blanchit beaucoup, puis quand vient le mauvais temps, on le grage dans des machines faites exprès pour le dégager de son grain. Il est préférable que ces grages soient mises en mouvement par une roue à eau, attendu qu'à bras, elles fatiguent trop les hommes.

Quand le coton est dégagé de son grain, on doit encore l'exposer au soleil, en former des balles, lesquelles pour tenir moins de place, doivent être pressées fortement.

Avec la graine, on peut faire de l'huile à brûler ou à savon, à raison de 3 kilogr. pour 15 kilogr. de graines; du reste, les porcs en sont très friands.

Suivant la charge, chaque homme peut cueillir jusqu'à 1,500 livres par an. Il n'a besoin que d'être débarrassé des mauvaises herbes et bien propre; dans les vieilles terres, on peut se servir de la houe à cheval pour rafraîchir la terre.

IMBÉ

L'imbé est une espèce de plante grasse qui vient sur les grosses branches des grands arbres; il y en a de deux espèces, du grand et du petit; il donne d'excellents câbles, surtout pour l'eau. On les fabrique avec l'écorce séparée de la moelle, avec laquelle on fait aussi de bons câbles, mais qui durent moins; avant de filer les moelles (cocher) il est très urgent de passer le filet entre deux petits cylindres à cannes en palmier, puis on les tord aussitôt.

Lorsqu'on s'en sert, il faut toujours les garder à l'ombre, autrement ils sèchent trop et ne tardent pas à rompre net.

On se sert aussi de l'écorce de l'imbé pour attacher toutes les maisons rustiques, ce que les Jésuites appelaient les clous du Brésil, et dont ils avaient, dit-on, le monopole, ce qui a beaucoup contribué à les désaccréditer près de la population indienne.

IMBIRAS

Au Brésil, on appelle imbiras des écorces d'arbres dont on fait des câbles, c'est la seconde écorce; après en avoir tiré dans l'eau l'épiderme, il faut la battre, la laver, la tordre, puis la faire sécher; après, elle peut servir pour l'usage. Plusieurs espèces d'arbres donnent ces écorces, entre autres l'imbiroussou ou arbre à ouate blanche ou fauve, l'imbira rousse ou bois trompette des Antilles; l'imbira blanche, dont les habitants de l'intérieur du Brésil se servent pour faire les attaches des charges de leurs mulets; enfin l'arbre à pain, dont les habitants des îles de la mer du sud font une espèce d'étoffe ou sacs; l'écorce du sapoucaïa produit une autre étoupe propre à calfeutrer les navires, ainsi que l'arbre à étoupe et bien d'autres dont se servent les habitants de l'intérieur.

FIGUIERS A CAOUTCHOUC

Il y en a dont le lait est très vénéneux.

MURIER

Le mûrier, de la famille des urticées, a plusieurs espèces et variétés; on distingue particulièrement le mûrier noir et rouge dont les fruits sont bons à manger et nourrissent la volaille. Il y a aussi le mûrier à papier dont les Chinois font du papier avec l'écorce. Au Brésil, on en trouve plusieurs espèces dans les bois, mais l'espèce la plus précieuse est le mûrier blanc dont il y a plusieurs variétés avec les feuilles desquelles on nourrit le ver à soie; suivant aussi la qualité des feuilles, la soie est plus ou moins blanche.

Cet arbre vient très bien dans la montagne, mais il est certain qu'il préfère la plaine, où il croît beaucoup plus vigoureusement. On prétend cependant que les feuilles cueillies dans les arbres de la montagne donnent de plus belle soie. En quelque lieu qu'on le cultive, il est meilleur d'en faire des haies pour clôture des différents champs, tant à cause de la flexibilité de ses branches, qui se prêtent très-bien au tressage, que par la facilité qu'il y a à récolter les feuilles. On a besoin seulement, d'année en année, de couper les vieilles branches pour en faire naître de nouvelles, que les vers à soie préfèrent.

En général, on le propage de boutures ou mieux de marcottes, qu'on retire des haies, et qui prennent mieux que les boutures.

Parmi les variétés qui donnent de plus belle soie, on distingue la reine, la grosse reine, la feuille d'Espagne, la feuille de flocs, etc., etc. ; encore préfère-t-on que les arbres soient greffés. Il faut alors les laisser venir en plein vent, aussi ne peut-on cueillir les feuilles qu'au moyen d'échelles, ce qui coûte beaucoup.

Quant aux soins qu'il faut donner aux vers à soie, voilà généralement la méthode suivie :

Lorsque les mûriers ont déjà repris leurs feuilles neuves, on prend des œufs de vers à soie que l'on fait éclore en les exposant au soleil sur des cribles pleins en bambou. Aussitôt que les insectes sont nés, on leur donne à manger des feuilles de mûrier qu'on a eu la précaution de ne cueillir qu'après que la rosée a été dissipée. Aussitôt que l'on s'aperçoit que les feuilles sont couvertes d'insectes, on transporte chaque feuille dans un autre crible encore fermé, et d'une manière expéditive, trois fois par jour pour le moins, et même aussitôt qu'on voit qu'ils n'ont plus de feuilles à manger; à chaque fois, on doit aussitôt bien nettoyer le crible dont ils sortent, car ces petits animaux demandent une grande propreté et meurent aussitôt qu'on les laisse sur leur fiente. A mesure que les vers grandissent, on les met dans des cribles dont les trous sont de plus en plus larges; au lieu de transvaser d'un crible dans un autre, on se contente de secouer le crible pour faire tomber la fiente; cependant, il est bon de changer de crible de temps en temps pour mieux nettoyer.

Quand on voit que les vers sont devenus gros comme le petit doigt, qu'ils se refusent à manger, sont d'une couleur jaunâtre et sans cesse à tourner la tête en rond, il faut les mettre chacun dans un cornet de papier, où ils se mettent aussitôt à filer. Au bout de huit ou quinze jours, suivant le temps chaud ou froid, et que l'on présume qu'ils ont achevé de filer, ce que l'on peut même essayer sur quelques cocons, on garde ceux que l'on destine à la propagation, ensuite on met les autres dans l'eau chaude pour en tirer la soie. Celle de dessus le cocon est ordinairement grossière et jaune, plus ou moins, on la sépare; quant à l'autre, on la dévide au moyen de petites baguettes très flexibles, et après tout cela, on expose au soleil, laissant comme au coton passer quelques nuits au serein par un beau temps, pour la faire blanchir et la bien diviser, et ensuite la faire sécher, soit au soleil soit à l'étuve.

Quant aux cocons que l'on a gardés pour perpétuer l'espèce, il faut les garder avec soin, et visiter chaque jour, jusqu'à ce que l'on voie que les papillons qui se trouvent dans l'intérieur percent les cocons. On les met alors dans une chambre close vitrée, et dont les parois doivent être tendues de draps verts. Aussitôt que les petits papillons, d'une couleur cendrée claire, sont sortis de leurs cocons sans chercher à manger, chaque mâle cherche une femelle qu'il couvre, et reste attaché à elle jusqu'à vingt-quatre heures et plus ; au bout de ce temps la femelle s'en débarrasse, et le mâle, dépourvu de son pénil, meurt peu après. La femelle cherche aussitôt un lieu pour déposer ses œufs, soit sur le drap vert mentionné plus haut, soit sur de petites branches attachées à cet effet aux parois de la chambre.

On remue ces œufs, avec beaucoup de précaution, pour ne pas les briser, dans des boîtes bien sèches et hermétiquement fermées jusqu'à l'époque où l'on veut les faire éclore.

OLIVIERS

L'olivier, de la famille des jasminées, est un arbre qui croît depuis cinq jusqu'à dix mètres d'élévation, suivant la température; il aime les coteaux et la pente des montagnes comme le caféier, et se plante de cinq à six mètres de distance les uns des autres; se cultive en quinconce ou pour le moins en allées, dans lesquelles on peut cultiver des plantes alimentaires, de la culture desquelles profite l'olivier. Il n'a besoin d'ailleurs que d'être débarrassé de ses branches mortes, ou de celles fatiguées par une trop grande charge de fruits. Comme tous les arbres à huile, la greffe améliore la qualité de l'huile, fait charger énormément à fruit. On cite en outre plusieurs variétés qui donnent de bien meilleure huile, ensuite la culture, et surtout la fabrication, en améliore singulièrement la qualité.

En France, l'olivier croît peu, est sujet à souffrir des gelées, et ne charge d'ailleurs que dans le midi, sur les bords de la Méditerranée.

Les différents peuples ont chacun leurs manières de fabriquer l'huile d'olive. En France, voici celle dont on fait un usage fréquent:

Quand on veut avoir de l'huile d'olive, première qualité, appelée huile vierge de couleur verdâtre, il faut cueillir avant que le fruit ne soit en parfaite maturité, mais par ce moyen on récolte moins d'huile.

Quand le fruit est rendu à la maison, on le met dans des auges plates, inclinées d'un côté comme pour le vin; là, des hommes chaussés de sabots le foulent; puis on recueille l'huile qui coule d'elle-même; ou mieux encore, on tire des auges avec des cribles en fer; on écrase le fruit de manière que le noyau et la peau restent seuls sur le crible qui laisse passer l'huile.

Aussitôt que l'huile vierge ne coule plus, il faut achever de piler le fruit, soit avec des sabots, soit avec l'auge circulaire, puis on met à la presse. Quand toute l'huile est ou à peu près relevée de la bagasse, on la met dans des chaudières avec de l'eau, pour en retirer l'huile qui aurait pu y rester, ce qui fait trois qualités d'huiles : deux propres à la nourriture et claire, et la troisième qui ne sert que pour le savon blanc ou marbré.

Quand on ne veut faire que deux qualités d'huile, on laisse bien mûrir le fruit, on le pile comme ci-dessus, en recueillant l'huile qui coule d'elle-même, laquelle est mise à part; ensuite on met le résidu à la presse, on mélange l'huile qui en sort avec l'autre, et elles forment ce qu'on appelle l'huile ordinaire à manger; et enfin, on met la bagasse à la chaudière avec de l'eau pour en extraire l'huile qui y adhère encore; celle-là se garde pour l'huile à savon.

Jusqu'à présent, on a supposé que le fruit cueilli et apporté à la maison aussitôt, a été manipulé avant qu'il ait pu prendre aucune fermentation; mais les Maures et les Portugais font tout le contraire. Ils laissent mûrir le fruit sur l'arbre jusqu'à ce qu'il tombe de lui-même, le mettent en tas à la maison, le laissent fermenter, puis le portent à l'auge circulaire, puis se contentent de mettre à la chaudière avec un peu d'eau ou non, mettent enfin en tonnes, où ils laissent l'huile se déposer d'elle-même. De cette manière, l'huile prend un fort goût de fruit qu'ils aiment beaucoup, mais qui ne sert que pour eux; les autres peuples n'emploient cette huile que pour la peinture, pour brûler, ou pour faire du savon.

En Espagne, en Sicile, dans la Calabre et en Grèce, on fait de très bonne huile d'olive jaune; il n'y a que les Français qui font de l'huile verte, perdent sur la quantité, mais se rattrapent sur la qualité.

PALMIERS

La famille des palmiers est une des plus nombreuses des arbres des tropiques, et en même temps l'une des plus utiles à l'homme. Toutes ces espèces viennent dans les bois e sur différentes parties du globe; les uns sur les crêtes de hautes montagnes, comme l'espèce qui, au Pérou, donne la cire; d'autres sur les crêtes des montagnes de second ordre, comme au Brésil l'indaïa, le brajaïba, dont les fruits sont bons à manger, les palmistes, depuis le nain jusqu'au grand palmier royal des Antilles, le branchu, le jéroba, le petit palmiste des plaines; le toucoun, qui donne la meilleure filasse pour les filets, et enfin le piaçava, qui donne de très bons câbles; le grand cocotier à gros fruit du Brésil et de l'Inde, dont on fait du vin, de l'eau-de-vie, du sucre, les feuilles servant à couvrir les maisons, et la bourre des fruits à faire des câbles; le dattier, enfin le dendè de Guinée, dont on tire l'huile de palme, du vin, des câbles, des feuilles, etc., etc., le sagou de l'Inde.

THAMARIN

Le tamarin, de la famille des légumineuses, donne une gousse pleine d'une pulpe très rafraîchissante.

TIMBO

Liane à tuer le poisson; deux espèces.

ANGELIM

Amer dont l'écorce est vermifuge; bois de charpente.

CAËROBA

Guérit la syphilis, surtout le pian des nègres.

QUINA

Arbre de montagne de second ordre; il guérit les fièvres intermittentes.

SALSEPAREILLE

Liane des marais; il y en a de beaucoup d'espèces; elles servent à guérir la syphilis et pour fumigations.

SASSAFRAS VRAI

Grand arbre avec l'écorce et le bois duquel on fait des infusions théiformes qui préservent de la fièvre jaune, et quand on en est attaqué, servent à faire des fumigations tant que dure la période inflammatoire et les douleurs internes. Le bois est d'ailleurs très bon pour la charpente et la menuiserie.

BOIS DE TEINTURE

Il y a, au Brésil, une si grande quantité de bois de teinture pour toutes les couleurs, qu'il faudrait un livre entier pour en faire le catalogue; je citerai seulement les bois du Brésil pour teinture en rouge, les écorces de sapoupèma pour teinture en noir, celles de racine de massataoüba, espèce de palissandre, pour teinture en violet, l'ouroucou, dont les semences teignent en fauve, enfin les écorces de fédégosa, ou casse d'occident, qui teignent en jaune, etc., arrouëra et coupaïba pour teindre les filets de pêcheurs, etc., etc.

La même abondance règne pour les écorces propres à faire du tan pour tanner les peaux. La préférable est celle de la cana-phistula, espèce d'acacia ou robinia à fleurs jaunes d'excellente odeur; l'arbre aussi est un très-bon bois de charpente sous couverture ; en grattant l'épiderme de la peau et réduisant en tan, le tannage prend une couleur paille très-claire. Il y a aussi l'écorce d'angique, de conticaën, de timbouïba, de cédro odorant ou pardo, d'araucoria, de mangues, etc., etc. En général, toutes les écorces qui teignent en noir un outil en fer qui les attaque, sont propres au tan ; mais il y en a qui sont tellement énergiques, qu'il faut chaque jour battre les peaux, les dégager de la liqueur chargée de tannin, puis les y remettre. Malgré cela, certaines écorces tannent en trois jours, d'autres en six semaines et, après que le tannage est fini, il faut laver à grande eau. L'habitude, plus que tous les préceptes, enseigne à reconnaître le point où le tannin est parfaitement combiné avec la gélatine de la peau.

BOIS POUR PHARMACIE

Je ne parlerai pas en détail des écorces propres à la pharmacie; les Indiens en connaissent un très-grand nombre et s'en servent dans leurs infirmités ou maladies. Généralement, leur système médical consiste en bains de vapeur sudorifiques, à l'intérieur, vomitifs et purgatifs; il n'y a que le fer qu'ils emploient en cas d'hydropisie, à la suite de fièvres; mais ils ne font pas bouillir les plantes ou racines, ils les pilent et en boivent le jus. De 1830 à 1855, j'ai suivi ce système et je m'en suis bien trouvé; mais, en général, j'ai remarqué qu'il est lent. Ils se servent aussi du lait de Gouërana pour guérir la lèpre, font vomir avec des infusions d'ipécacuanha annelé, ou de la résine de Jataï ou copal tendre, et purgent avec des graines de ricin, fèves de Saint-Ignace 1/2 graine ou imbarerouçou en fécule.

ARTICLE IV

ARBRES FORESTIERS

De l'immense quantité d'arbres forestiers qui existent au Brésil, il n'y en a qu'une très-petite quantité relativement qui puissent être utiles; à peine s'il y a un dixième de bons bois, qui d'ailleurs ne croissent que dans les montagnes, les coteaux et les plaines sèches; le reste n'est formé que de bois blancs, qui servent à peine pour faire de la cendre, soit pour engraisser le terrain, soit qu'on veuille en faire de la potasse. Quant aux autres, qui sont les bons bois de cœur, on ne les trouve qu'isolés à de très-grandes distances les uns des autres, par deux ou trois de la même espèce; ce qui rend si difficile l'exploitation, pour laquelle il faut presque toujours faire des chemins très-longs pour des bagatelles. Quant aux grandes pièces, il est préférable d'en faire des planches, les sinuosités du terrain empêchant qu'on puisse se servir d'animaux, et encore moins de machines, sans compter les difficultés qu'on éprouve pour obtenir la permission et les vexations de tout genre dont on est victime.

Je me contenterai ici de donner une espèce de catalogue de quelques bons bois, car au Brésil, chaque province, chaque district et même chaque exposition, a ses bois particuliers, de sorte qu'il est difficile d'en faire la nomenclature. Tous ces arbres ne sont pas encore connus, botaniquement parlant; ils ne portent que les noms du pays, et qui ne sont pas les mêmes partout. En général, les bois de première qualité ou à cœur ne croissent que dans la montagne, sur les crêtes ou dans leur voisinage, depuis le pied jusqu'aux deux tiers; à de plus grandes hauteurs, il ne se trouve que des bois rabougris couverts d'orchidées.

Arbres de première qualité

Aréïba, érable à fruits épineux, de marqueterie, de marine, de charpente et de menuiserie; l'écorce de la racine sert comme celle du quina.

Il y en a deux espèces, le rose et le jaune; le rose est le meilleur.

Cabrioba, aussi bon que le précédent, est parfait, surtout pour dentures de moulin ou vis de pressoir et poulies; il est d'un brun grisâtre et très-odorant.

Cannelle noire à clous des crêtes, de marine et de charpente.

Cédro-odorant, de grande dimension, des

rochers, propre à tout; il y en a plusieurs variétés, dont l'odorant (en portugais pardo) est le meilleur.

Bois de brésil, dont il y a beaucoup de variétés, de charpente et de teinture en rouge.

Gouaraïta, bois rouge de charpente et de charronnage, de marine.

Couticaën, espèce de chêne à feuilles rousses, excellent sous l'eau.

Coupaïba, dont on tire l'huile de copahu, qui est bonne aussi pour guérir les maladies syphilitiques et toutes les plaies; bon contre le tetanos des nouveaux-nés.

Gouaracouï, ou copal dur, aussi angélim-pierre, de charpente, de marine et menuiserie. Les indigènes prétendent que sa résine est le générateur du diamant qui est réduit par la foudre.

Gouaroubou, espèce d'ipè, de charpente et charronnage.

Jacaranda, ou palissandre, de marqueterie; il se vend au poids; arbre de montagnes.

Jataï, ou copal tendre, de charpente et de marine; la résine est vomitive.

Igrapiapunha, bois jaune de charpente et de marine.

Ipè (bignonia), espèce de gaïac presque incorruptible aux mêmes usages que le cabriouba.

Il y en a deux espèces : le rouge, qui fleurit du mois de juillet au mois d'août, et celui à fleurs jaunes qui fleurit du mois de novembre à décembre ; le premier est meilleur et de plus grandes dimensions.

Massarandouba, etc.. etc., gouïti et vinhatico, charpente, marine et menuiserie.

Massataouba, espèce de bois de Brésil, très-pesant et dur, de teinture violette et marqueterie, excessivement dur ; il brûle comme des allumettes.

Peiroba, bois jaune, de charpente et de marine, de très-grande dimension.

Sapoucaïa, bois rouge de première qualité, très dur et très-fort; il ressemble au hêtre à feuilles de fougère et donne de bonnes étoupes sous l'eau.

Secouipra, très-fort, de charpente et de marine.

Tharouman, il y en a de plusieurs espèces ; le cœur sert pour la syphilis en bains.

Tatou, dont le bois gris ressemble presqu'au tharouman, charpente souvent roulif.

Sassafras vrai, bois de charpente, de marine, et propre à préserver de la fièvre jaune, du choléra et de la syphilis.

Arbres de deuxième qualité.

ARARIBE, bois de charpente rouge, sans cœur; il ne sert que sous couverture, mais il est inattaquable aux coupils, espèce de fourmi rongeuse qui détruit toutes les charpentes.

BACOUBICHAVA, très-gros arbre à planches, à rames et à charbon.

CANA-PHISTULA, bois de charpente, sous couverture ; il donne la meilleure écorce pour faire du tan, qui tanne couleur blanc paille.

CANNELLES, tapinhoan, à planches et tonnellerie;
Id. puante, pour les mêmes usages ;
Id. rouge, idem, mais inférieure ;
Id. pichourim, inférieure idem.

GOUARICICA, le rouge, très-fort, bois de charpente, le grand et le jaune ne sont pas aussi bons ; charpente sous couverture.

GOUÉRANA, de planche et de charpente sous couverture. On prétend que les indigènes guérissent la lèpre avec son lait vénéneux.

GOUAPOUROUBOU, acacia à fleurs jaunes, dont le bois est aussi léger que le liége ; il ne sert qu'à faire des pirogues et radeau qui doivent être bien goudronnées pour ne pas pourrir.

Gouaça, le grand, bois rouge très-fort, de charpente ; le petit est très-bon à faire des rames.

Jaquétirao, de charpente, très-fort.

Jaquétiba, un des arbres les plus gros du Brésil, de charpente et marine ; on l'emploie beaucoup à faire des pirogues, à cause de ses grandes dimensions, mais il est pesant.

Lauro, de plusieurs espèces ; le brun est de première qualité, de marine et de menuiserie.

Ouroucourana, du petit, bon pour l'eau ; la grande espèce qui est d'une couleur plus pâle est inférieure ; ce bois se retire beaucoup.

Pithia, espèce de buis du Brésil très-estimé pour faire des marquises.

Sapoupéma, bois très-dur dont l'écorce teint en noir.

Timbouïba, grand arbre à bois léger dont on fait des pirogues ; il y en a de différentes qualités ; il ne sert qu'en planches et sous couverture.

Je n'en donne peut-être pas la dixième partie ; dans le nord du Brésil, il y a une quantité si considérable de bois, qu'il est impossible de les connaître ; dans le sud même, j'en ai beaucoup oublié.

CHARBON

Il y a plusieurs manières de faire le charbon de bois : dans des fosses, qui est le charbon ordinaire, et en vases clos, d'où l'on retire encore du vinaigre de bois.

Le premier nègre venu qui a vu faire une fosse de charbon, est capable d'en faire une autre semblable, la difficulté consiste à éteindre le feu avant que le bois réduit en charbon ne se convertisse en cendre. Aussi le charbon de bois que l'on rencontre au Brésil, fait sans jugement, est-il un charbon de la dernière qualité. Pour avoir de bon charbon, voici ce qu'on doit faire :

On abat le nombre d'arbres que l'on veut réduire en charbon, et aussitôt on les coupe en billes courtes de 66 cent. à 1 mètre, pour les fendre ensuite par morceaux gros comme le bras environ ; pendant ce temps là, le maître charbonnier, avec un aide, cherche auprès un lieu assis dans lequel il se trouve un arbre plus ou moins gros, mais un peu plus mince que la grosseur d'un homme ; cet arbre abattu de la longueur des billes, est fendu par le haut en quatre et l'on y met deux morceaux en croix. On creuse tout autour une aire ayant à peine 30 cent. de profondeur, et on forme tout autour un sillon avec la terre provenant de la fouille; ainsi:

Après avoir garni l'aire du bas de bois en B à plat, d'abord on couvre le sol d'une couche de billes, puis, en-dessus, on range en rond en pied les éclats de bois autour du pivot A, ensuite on fait un deuxième étage en G. On recouvre le cylindre avec des petites branches, des feuilles, des herbes et enfin de la terre du sillon que l'on bat bien pour empêcher autant que possible les crevasses. Il faut laisser aussi une cheminée en D, fermée par une bûche qui descend jusqu'à la croix; autour, sur l'aire, doivent exister quatre petites portes. Tout étant ainsi disposé, on introduit des brindilles bien sèches par la cheminée du haut, en ayant le soin d'en mettre aussi par toutes les fenêtres que l'on a laissées au bas de l'aire et qui vont jusqu'au centre, puis on met le feu partout en même temps, que l'on laisse aller jusqu'à la fin. Il sort d'abord en D une très-grande quantité de fumée d'abord très-épaisse, puis plus claire, enfin paraît la flamme.

On doit avoir une ou deux petites échelles afin de pouvoir monter facilement sur le cylindre, et se munir aussi de deux pelles plates, l'une à long manche, l'autre à manche plus court, pour pouvoir fermer hermétiquement les crevasses au fur et à mesure qu'elles se forment et pour lesquelles on doit avoir de la terre et des broussailles toutes prêtes.

Lorsque le feu est bien allumé et que tout le cône est en feu, il faut commencer à l'apaiser en fermant peu à peu la cheminée D et les fenêtres qui sont en bas de l'aire, en ayant la précaution de fermer d'abord celles tournées du côté du vent ou pour le moins du courant d'air; quand le feu paraît vouloir s'éteindre d'un côté, on ouvre la cheminée de ce côté. Les deux hommes occupés au foyer doivent surtout fermer toutes les crevasses et même tous les endroits où sort de la fumée, fermant toujours de plus en plus la cheminée et les fenêtres, jusqu'à ce que l'on finisse par tout fermer. Dès ce moment l'on ne doit plus monter sur le cylindre qu'avec de très-grandes précautions pour n'être pas enfoui dans le brasier en cas d'éboulement; toujours surveiller le fourneau, et ne pas le laisser un seul instant, jour et nuit, pendant que l'un des gardes veille, l'autre se met à dormir. Il faut veiller au moins deux nuits, et l'on ne doit abandonner qu'après que l'on juge que le feu est à peu près éteint et que le charbon n'a plus qu'à refroidir.

Il n'y a aucun inconvénient à laisser ainsi le charbon pendant plusieurs jours, surtout si le temps n'est pas bien sûr, car on ne doit le tirer que par un temps très-sec. Quand l'opération a été bien dirigée, tous les morceaux de bois réduits en charbon restent presque entiers, et en frappant dessus, ils sonnent comme une cloche ou au moins ont le son de la poterie neuve ; ce charbon est alors très-bon, et il faut le casser pour s'en servir.

Quant au charbon en vases clos, on prépare le bois de la même manière, avec la différence qu'au lieu de le brûler aussitôt après l'abattis ou qu'il est coupé en tronçons, on doit le laisser quelques jours pour que la sève puisse aigrir et ainsi faciliter la fermentation de l'acide de bois. Mais quand, au lieu de vinaigre de bois, on veut faire, de la sève, du sucre, au lieu de laisser aigrir le bois, il faut le distiller aussitôt et traiter le liquide pour faire du sucre; c'est aussi le cas d'employer l'acide sulfurique pour empêcher la fermentation, et plus tard le sous-acétate de plomb.

La machine dans laquelle on met le bois se compose de une ou plusieurs cornues en fer, qui communiquent toutes par un gros tube avec le serpenteau qui condense les vapeurs ; pour cela il est bon d'établir la machine dans le voisinage d'un petit courant d'eau qui économise beaucoup de travail. Il est inutile de rappeler que toutes les cornues doivent être enfouies dans un grand fourneau ; c'est du reste en grand la machine par laquelle on fait le charbon animal, mais simplifiée.

On conçoit que suivant ce qu'on veut faire avec la sève déjà distillée, du sucre ou du vinaigre, on doit procéder différemment; j'ai déjà donné le moyen de faire du sucre, voilà ce qu'il faut faire pour le vinaigre :

Le liquide condensé dans le réservoir est un mélange composé d'acide acétique faible avec du goudron ; on sépare par décantation ou pompe, le mieux que l'on peut, ce dernier qui surnage, on sature l'acide acétique par de la craie pulvérisée, que l'on ajoute peu à peu, et l'on enlève le goudron qui surnage; après avoir laissé reposer, on tire à clair par décantation, puis on fait évaporer le liquide décanté jusqu'à 15° à l'aréomètre; après on verse dans cette liqueur une solution concentrée de sulfate de soude. Il y a double décomposition, formation d'acétate de soude et de sulfate de chaux; ce dernier sel est indissoluble, il se précipite au fond de la bassine; on laisse déposer et l'on décante la partie liquide qui est une solution d'acétate de soude, que l'on fait évaporer jusqu'à ce qu'elle porte 28° à l'aréomètre, on laisse déposer, puis on place cette solution encore chaude dans des terrines que l'on porte à l'étuve pour que la cristallisation puisse bien s'opérer. Après, on sépare les cristaux et on fait évaporer les eaux mères ; si elles sont colorées, il faut les traiter avec un cinquième de charbon animal, filtrer et laisser cristalliser de nouveau. Lorsque les eaux mères refusent de donner des cristaux, on fait évaporer à siccité, on calcine, puis on traite le résidu par l'eau, pour obtenir, par le lavage, du carbonate de soude, liquide qu'on fait évaporer et cristalliser.

L'acétate de soude, ainsi obtenu, il faut le dissoudre une deuxième fois si on veut l'obtenir plus blanc; lorsqu'il est cristallisé et bien sec, on le décompose dans un alambic, à l'aide de la chaleur et de l'acide sulfurique, après avoir réduit en poudre fine. Dans cette opération, l'acide sulfurique décompose l'acétate, il s'unit à la soude, met l'acide acétique à nu, celui-ci se volatilise et est recueilli par la condensation. L'alambic doit être garni d'un chapiteau en argent, si l'acide que l'on veut obtenir est destiné à être employé dans l'économie domestique, autrement un chapiteau en étain suffit (A C).

Au Brésil, les arbres que l'on préfère pour faire du charbon sont : le couticaën, très-bon bois de charpente et de marine, surtout sous l'eau; le bacoubichava, très-gros arbre qui fait aussi de bonnes planches recherchées pour les rames de bateau; de l'arariba; du sapoucaïa de la plaine, etc., etc. Malgré cela, on en fait d'une foule d'autres espèces, mais ceux-ci sont préférés par la facilité que l'on a de les fendre.

ARTICLE V

FOURRAGES POUR LE BÉTAIL

Il n'y a au Brésil qu'une très petite quantité de plantes que l'on cultive pour la nourriture du bétail, bien que les pâturages natifs en contiennent une immense quantité, non-seulement les pâturages natifs, mais encore les pâturages résultants des vieilles terres, abandonnées après avoir été épuisées par la culture.

Dans les environs des villes, surtout à Rio-Janeiro, on cultive l'herbe de Guinée qui est assez bonne pour les chevaux et mulets, mais ne vaut rien pour les bêtes à cornes qui ne s'en nourrissent que forcément. Dans l'intérieur de Saint-Paul et des Mines, on cultive le capim impérial, qui pourrait très bien servir à remplacer l'herbe de Guinée, on trouve également le capim nobre ; on plante le grominha, espèce de chiendent à feuilles étroites; le gramma à larges feuilles, qu'il faut seulement débarrasser des mauvaises herbes et entretenir propre.

Dans les bois, ce qui engraisse mieux le bétail est le créciouma, espèce de bambou traçant. Dans les plantations de maïs, on y lâche le bétail après la récolte, il profite à vue d'œil; en général on se sert plutôt de pâturages naturels que d'autres; on se contente seulement de planter du gramma et du graminha.

Il y a d'ailleurs une si grande quantité de terres, que s'amuser à faire des pâturages serait perdre son temps; il faut faire, seulement, un petit entourage près de l'habitation, pour avoir ses chevaux ou mulets sous la main, quand on veut aller en route; le maïs en grain est encore ce qui leur convient le mieux. Quant aux vaches à lait, il y a une foule d'herbes qu'on peut leur apporter à la maison, ou dans de petits enclos faits exprès surtout les traces de patates douces.

Les fourrages d'Europe sont la luzerne, le sainfoin, le trèfle, les fannes ou pailles des céréales en vert ou en sec, les fèves de marais, l'orge, l'avoine, le son, les navets et choux cavaliers, les patates morelles ou pommes de terre, panais, ajoncs épineux, etc., etc.

CHAPITRE V

AGRICULTURE ANIMALE OU SOIN DES BESTIAUX.

Le petit nombre d'animaux existant maintenant sur le globe terrestre, comparé avec l'immense quantité d'espèces qui ont été détruites, soit avant le dernier bouleversement du globe, connue sous le nom d'animaux anté-diluviens ou même depuis, n'offre aucune comparaison. Les animaux anciens étaient infiniment plus grands et vivaient dans des parages où leurs congénères, qui existent de nos jours ne pourraient vivre; l'éléphant, par exemple, dont on trouve d'immenses quantités d'ossements en Sibérie, ne peut vivre de nos jours que sous la zône torride, à moins que l'espèce de la Sibérie ne fût pas identique avec celle de nos jours, ou même étant semblable, se fût acclimatée à la différence de la température, ou bien cette dernière a-t-elle changé. On peut prendre l'espèce humaine pour exemple; les esquimaux de la mer du Nord vivent très bien sous les pôles, et les nègres d'Afrique sous la ligne équinoxiale; mais si l'on venait à les changer mutuellement de climat, ils ne tarderaient pas à périr, à moins que ce changement ne se fit que par une suite de siècles, avec cette différence toutefois, que les animaux des pays froids s'acclimatent beaucoup plus facilement dans les pays chauds, que ceux des pays chaux dans les pays froids ; mais tous dégénèrent de leur première origine. On peut penser qu'une foule d'animaux ont été détruits par l'homme; au Brésil on en trouve plusieurs exemples, l'ante est de ce nombre, avec le voisinage de l'homme et du chien il est impossible que cette espèce puisse se maintenir, on peut dire avec certitude, que disparaîtront toutes les espèces d'animaux qui ne s'associeront pas à la civilisation de l'homme, même l'homme sauvage.

Tous les jours disparaissent des espèces sauvages, et chaque espèce associée à la civilisation, tend avec une grande facilité à devenir sauvage. On peut remarquer que tous les individus qui deviennent sauvages, prennent un singulier degré de force et d'accroissement; tandis que les espèces sauvages qui s'apprivoisent perdent chacune de leurs facultés physiques et intellectuelles, et se modifient surtout quand on les change de climat.

DES ANIMAUX ATTACHÉS A LA CIVILISATION DE L'HOMME

Les espèces d'animaux associés à la civilisation de l'homme sont en très petit nombre, quoique les individus soient nombreux, on distingue :

Le Bœuf.

On connaît une douzaine de races de bœufs, tant du nord que du midi, on dirait qu'elles se cantonnent, et que chaque race a adopté le climat qui lui convient. En général, toutes les races du nord ont la peau très épaisse et sont à long poil, tandis que les races du midi ont la peau fine et sont à poil ras; les chiens sont de même ; je dirai aussi les hommes, car celui du nord a la peau très épaisse avec les pores très espacés, ayant une graisse assez ferme entre peau et chair, comme du suif; tandis que le nègre a la peau comme un satin, les pores très rapprochés avec une graisse noire, qui est entre peau et chair, laquelle est plutôt huileuse que solide.

On connaît de nos jours très peu de races de bœufs vraiment sauvages ; il paraît qu'en Sibérie, il en existe, ainsi que dans l'Amérique du nord, ou en Afrique; on en a déjà civilisé.

Les races qu'on a civilisées sont plus ou moins familières, ce qui dépend beaucoup de la manière avec laquelle on les élève et de la castration qu'on leur fait subir quand on veut s'en servir pour le travail, cette opération les adoucit beaucoup et en même temps les engraisse.

En général, les peuples de l'Europe les font travailler avec un joug qui leur tient aux cornes, et avec lequel ils ont beaucoup plus de force et sont plus soumis; mais dans le midi, la chaleur force à les atteler par le col, même avec des anneaux aux naseaux, autrement ils ont d'affreuses hémorrhagies. Les femelles des espèces d'Europe donnent infiniment plus de lait, mais sont plus lentes; tandis que celles du midi ont des mamelles petites, donnent peu de lait, mais élèvent mieux leur progéniture, sont plus vives et plus méchantes; elles supportent aussi mieux le travail au soleil.

Au Brésil, ces animaux sont sujets à beaucoup de maladies; il faut avoir un soin tout particulier des veaux, qui sont attaqués des chauves-souris vampires et des insectes; on ne peut pas les élever sans leur laisser la majeure partie du lait des mères. Il y a aussi beaucoup de plantes qui les empoisonnent, d'animaux qui les mangent et de malfaiteurs qui en font leur profit. Toutes ces raisons font connaître qu'il est d'urgence de les tenir enfermés sous clé, la nuit, et bien clos. Il est bon de les purger avec du sel et de l'aloès, étant très sujets aux vers.

Le sel produit aussi un très bon effet sur le grand bétail. Généralement on ne doit les faire travailler que le soir, le matin ou la nuit; les traiter est d'ailleurs une branche de la médecine appelée vétérinaire.

Si au Brésil, on avait comme dans l'Inde, l'usage de les faire voyager de la plaine pour la montagne, je ne doute pas qu'on s'en trouverait très bien, car les maladies auxquelles ils sont sujets ne les attaquent que dans les temps chauds, époque des mouches et autres insectes.

Quant aux blessures occasionnées par la morsure des chauves-souris, et qui plus tard se remplissent de vers, il faut d'abord les laver avec de l'alcool camphré, puis on remplit la plaie avec un mélange de tanhairao et de pommade camphrée; en vingt-quatre heures la plaie est nette, il ne reste plus qu'à continuer le pansement avec la pommade camphrée. La presque totalité des veaux qui naissent dans le temps chaud meurent attaqués des foies; le seul moyen de les sauver est de les envoyer sur le sommet des montagnes.

En France, en Allemagne, en Angleterre et en Suisse, on peut tuer un veau trois semaines ou un mois après sa naissance; la mère continue à donner du lait. Au Brésil, il n'y a que quelques jeunes vaches que l'on peut accoutumer à ce régime, la majeure partie des autres tarissent quelques jours après être privées de leur veau; d'ailleurs elles ne donnent pas le quart du lait qu'elles donnent en Europe; outre qu'il ne crême pas, le beurre est blanc. En leur donnant une forte nourriture, du sel et du maïs, elles valent un peu mieux.

LAITERIE

Outre le service qu'on tire des bœufs, les vaches donnent aussi du lait dont on fait du beurre et du fromage.

Il faut choisir à cet effet, dans la maison, l'endroit le plus frais, à l'ombre, à l'abri du vent et de secousses quelconques; il doit être construit avec des pierres ou des briques, entretenu d'une propreté remarquable et lavé chaque jour. Il doit être garni tout autour avec des étagères, séparées les unes des autres seulement de quatre doigts plus élevées que la hauteur des pots qui doivent être constamment plus hauts que larges, et plus étroits au fond qu'à l'ouverture, afin de pouvoir mieux réunir la crême.

Après avoir fini de traire toutes les vaches, il faut passer le lait dans un tamis de soie, de crin ou même de simple linge, ensuite remplir les pots, qui ont dû être primitivement lavés et séchés ; puis, les mettre dans la laiterie, les uns à côté des autres, sur les étagères. On les abandonne ainsi à eux-mêmes pendant un, deux ou trois jours, jusqu'à ce que la crême se soit réunie à la surface et que le dessous soit caillé. Si l'on veut faire du beurre, on réunit la crême, et avec le reste on peut faire du fromage, mais inférieur, tandis que si l'on veut avoir de bon fromage, il faut tout mélanger, crême et lait caillé.

Quand on a peu de crême, on se contente de la mettre dans une bouteille bouchée, qu'une femme, même un enfant, doit secouer, près du feu, jusqu'à ce que le beurre se sépare bien du petit lait; alors on tire le tout de la bouteille et l'on sépare le beurre d'avec le petit lait, ensuite on le pétrit jusqu'à ce qu'il ne contienne plus de lait, puis on le sale suivant le temps que l'on veut s'en servir. Quand on remplit la bouteille, elle ne doit pas l'être plus des deux tiers, afin de battre mieux. Quant au lait de beurre, il sert à faire de la soupe aux oignons, ou bien on le donne aux chiens, et mieux encore aux cochons de lait.

Lorsque l'on a une grande quantité de crême, on la met dans un baril long, plus large au fond qu'à l'orifice, puis on la bat au moyen d'un battoir à long manche, armé, au bout, de deux rondelles, l'une au-dessus de l'autre, et séparées entre elles au moins d'un travers de main.

On se sert aussi d'une petite caisse fermée, longue, dans laquelle on met, dans sa longueur, un petit essieu armé de palettes avec lesquelles la crême est battue ; après, on opère comme avec la bouteille.

Fromage

Quand on veut faire de bons fromages on ne doit pas extraire le beurre : le plus délicat est celui qui est mélangé du tiers de lait de chèvre ou de brebis et de deux tiers de lait de vache, mais on mélange ces laits dans toutes les proportions ; il faut toujours que le lait de vache soit en supériorité pour que le fromage soit assez ferme.

Il y a une très-grande quantité d'espèces de fromages qui dépendent de la manière dont ils sont fabriqués. En général, quand le lait est tiré, le lendemain ou surlendemain, il faut y mettre de la levure, ou tournure de veau, ou artichaut, etc., en mélange ; quelquefois on le met sur la cendre chaude pour le faire à manger frais ; d'autre fois on l'abandonne à lui-même, quand le caillot est formé, il faut y mettre du sel puis le mettre égoutter dans des paniers garnis de linges propres, ensuite le mettre à la presse ou à l'étuve pour ôter la surabondance de l'humidité, et enfin l'enfouir dans la cendre ou dans du vin : celui de canne peut servir. On aromatise aussi suivant les goûts.

Éléphants.

De nos jours, il n'existe, pour ainsi dire, d'éléphants que dans l'Inde : le grand éléphant à petites oreilles ; et celui d'Afrique, à grandes oreilles et aux défenses monstrueuses. Il n'y a que dans l'Inde qu'on s'en sert pour les besoins de l'homme ; il ne se propage qu'à l'état sauvage ; malgré sa grande intelligence, il ne peut être pris que par la ruse.

Autrefois les éléphants étaient beaucoup plus nombreux qu'aujourd'hui ; il n'y en a encore que quelques-uns amenés par curiosité en Amérique.

Chameaux et Dromadaires.

Ces deux animaux ne diffèrent entre eux qu'en ce que le chameau, qui est d'Asie, a deux bosses, est, de plus, grand et fort, tandis que le dromadaire, plus petit, n'a qu'une bosse, mais est plus léger à la course.

Tous deux servent à porter de lourds fardeaux dans les déserts ; sans eux il serait impossible de traverser les déserts de l'Asie et le grand Sahara d'Afrique. Ces animaux sont d'une extrême sobriété, supportent la faim et la soif pendant très longtemps, sont très-dociles et s'accroupissent pour se laisser charger. Ils seraient d'une grande utilité au Brésil, et je ne conçois pas comment le gouvernement n'en a pas fait venir, d'autant mieux qu'ils se nourrissent très-bien de maïs et de cannes à sucre. Les provinces intérieures du sud du Brésil leur seraient très propices, ils se trouveraient sous le même climat que celui où ils vivent.

Les femelles de ces animaux donnent de bon lait pour la nourriture de l'homme; on en fait d'excellent fromage.

Cheval.

Le cheval est le plus noble animal qu'on ait associé à la civilisation de l'homme, c'est son compagnon et son ami ; en général, il doit être traité avec une grande douceur, surtout les races fines, et semble en montrer de la reconnaissance à son maître, qu'il reconnaît très-bien.

Autrefois les chevaux français étaient très

inférieurs ; maintenant depuis la possession d'Alger, le race s'est très perfectionnée et se perfectionne encore tous les jours. Les races fines sont préférables pour la selle, et les races ordinaires pour le trait; elles sont d'ailleurs moins délicates.

Au Brésil, les chevaux durent très peu; doivent être peu forcés au travail et bien nourris, aiment davantage les pâturages natifs sans broussailles que d'être tenus à l'écurie. Quant aux poulains, il faut les avoir constamment sous les yeux, ne jamais les laisser coucher dehors, car les tigres en sont très friands ; d'ailleurs les chauves-souris vampires les attaquent baucoup, il faut aussi avoir le soin de ne pas les mettre avec les mules qui les tuent à coups de pieds.

Ane.

L'âne, qui tient quelque peu du cheval, est bien l'animal le plus entêté que l'on puisse trouver; on ne peut presque le conduire qu'à coups de bâton, il réussit bien au Brésil, surtout dans la montagne. Sa grande sobriété le fait vivre partout, et la sûreté de son pied le rend précieux dans les montagnes les plus escarpées; malgré cela il est peu répandu et ne sort guère qu'à faire des étalons que l'on accouple avec les juments pour en avoir des mulets. On ne peut d'ailleurs pas les tenir avec les chevaux surtout les chevaux entiers qu'ils tuent et châtrent; venant apporter aux juments, sous leur protection le gage de la victoire. Dans son état d'étalon, c'est un animal méchant et malfaisant; on ne peut le tenir que loin des habitations, à cause de ses cris continuels. Il n'y a presque pas d'entourage pour lui.

Mulet.

Le mulet, créature mixte provenant de l'accouplement de l'âne avec la jument, est un des animaux les plus précieux du Brésil; sans lui, il serait presqu'impossible d'exploiter et de transporter les produits hors des habitations à cause des chemins presqu'impraticables où il passe avec facilité. Il sert pour la selle, le bât, la voiture et la charrette; mais il y en a qui sont tellement têtus et vicieux, qu'on ne peut les dresser, et qu'il faut les tuer.

MENU BÉTAIL

On entend par menu bétail, les lamas, les vigognes, les moutons, les chèvres et les porcs,

On peut aussi y joindre les lapins et les cochons d'Inde qu'on élève en clapier.

Lama et Vigogne

Le lama est un animal indigène des hautes montagnes du Pérou et du Chili, où on le trouve par grandes troupes sur les crêtes des montagnes en société avec les vigognes ; mais jusqu'ici on n'a pu civiliser que les lamas ; les vigognes étant plus farouches se tiennent toujours dans les lieux les plus escarpés, où on leur donne la chasse pour en obtenir les toisons. Quant aux lamas, on se sert aussi de leur poil, mais on les dresse à la charge avec laquelle ils grimpent dans les rochers les plus escarpés. On n'a pas encore introduit cet animal au Brésil, du moins pour s'en servir en grand ; cependant il serait très utile pour apporter les récoltes à la maison. Les cafétéries en auraient de très grands profits, car les mulets ne peuvent pas aller partout et il est très coûteux de se servir d'hommes, dont la main d'œuvre est trop chère.

Mouton

Le mouton est un animal attaché à l'homme depuis la plus haute antiquité, aussi en trouve-t-on une innombrable quantité d'espèces, depuis le mouton sans laine d'Afrique jusqu'à celui à épaisse fourrure du nord-est de la Sibérie et de l'Amérique du nord. On n'en connaît à l'état sauvage qu'en Corse, dans la Sibérie et l'Amérique du nord où ils voyagent tous les ans du nord au sud et du sud au nord suivant les saisons. Il paraît même que ces immenses troupeaux traversent la mer du nord sur la glace, et vont passer l'été sur ces terres des pôles, encore inconnues, et où l'homme n'a pu pénétrer.

Généralement le mouton préfère la montagne à la plaine où cependant il vient plus grand. Il aime aussi à voyager comme on le fait en Espagne pour le mouton-mérinos qui, en hiver passe tout le temps froid au sud de la Sierra-Morena, et en été vient jusqu'aux Pyrénées.

Le meilleur temps pour le tondre est au commencement du temps chaud, au Brésil de septembre à novembre, époque à laquelle il est préférable de l'envoyer sur les crêtes des montagnes où les mouches ne le maltraitent pas. Il est d'ailleurs très difficile de les guérir lorsqu'ils ont des plaies remplies de vers ; on tue bien les vers, mais quelques jours après, c'est à recommencer, car la finesse de la peau des moutons empêche la prompte cicatrisation. On doit aussi visiter scrupuleusement, et chaque jour, les nombrils des agneaux ; les herbes vénéneuses et les serpents en tuent beaucoup.

Les races les plus estimées sont celles à longue laine et demi-courte, mais très fine, d'Angleterre. En France et en Allemagne, on a formé beaucoup d'espèces précieuses en les croisant avec le mérinos, qui est le mouton par excellence pour sa laine. Au Brésil j'en ai eu j'usqu'à 140 que j'avais fait venir de France, et qui m'ont été détruits par les malfaiteurs. Au Brésil, cette race est plus délicate et donne à peine la moitié de la laine qu'elle donne en France ; mais en la croisant avec des moutons d'Angola, j'en avais obtenu une espèce dont la laine quoique rare, était presqu'aussi fine que la soie.

Il est de toute nécessité de ramasser les moutons chaque soir, non seulement pour les préserver des voleurs et des bêtes fauves, mais encore pour les panser, ce qui est assez coûteux. Leur fumier, d'ailleurs, produit merveille dans les jardins potagers.

Tonte des Moutons

Lorsque la laine est mûre, c'est-à-dire quand elle veut tomber, dans le courant de septembre, des femmes coupent la laine le plus ras possible, avec la précaution, toutefois, de ne pas entamer la peau du mouton. Il faut partager la laine en deux espèces : celle du col, du dos et des flancs; puis, celle des fesses et du ventre, qui doivent se mettre à part. Quand toutes les toisons ont été coupées, on commence le lavage en procédant d'abord par la laine inférieure pour en tirer le suint. On met sur le feu une grande chaudière proportionnée à la quantité de laine qu'on a, et ce en plein air ou sous un hangar; on remplit la chaudière aux trois quarts d'eau, puis on chauffe jusqu'à ce qu'on ne puisse plus y endurer la main, ensuite on met la laine tremper par demi-toisons, en les laissant jusqu'à ce que le suint soit bien dégagé de la laine, ce qui demande ordinairement un quart d'heure; alors on retire, toujours par demi-toisons, on laisse égoutter, puis on lave immédiatement dans l'eau courante, pour ensuite battre sur deux pierres plates ou grands bancs penchés, et avoir la précaution de ne rien embrouiller; on presse avec les mains, on remet au feu, dans le suint, on retire du feu et laisse égoutter, puis on lave encore à l'eau courante, et ainsi de suite, jusqu'à ce qu'il ne reste plus de suint; ensuite il faut étendre au soleil pour sécher; on doit toujours choisir un temps fixe pour cette opération.

Aussitôt que la laine est bien sèche, on choisit encore un beau soleil, on met dans des paniers, plus profonds que larges, puis on arrose plusieurs fois de lessive de cendre, ensuite on lave à l'eau courante. De cette manière, et en répétant plusieurs fois cette opération, la laine devient blanche comme du coton : on fait sécher. Si elle n'était pas suffisamment blanche, recommencer encore ce dernier travail; mais, au lieu d'employer de la lessive, on se sert d'eau de savon, alors elle est parfaite. Il ne reste plus qu'à la trier. Les battoirs dont on se sert doivent avoir une forme appropriée et être bien polis.

Chèvres

La chèvre est une espèce voisine du mouton; on en trouve de beaucoup de variétés. En Afrique, en général, elle est petite et à poil ras; en Europe et en Asie, elle est grande et à long poil, et se trouve sur les rochers et les précipices. Dans le nord-ouest de l'Amérique du nord, on en trouve à très longues cornes. La race la plus précieuse est celle du Thibet, à double fourrure comme la loutre; c'est avec le poil de dessous, que l'animal perd tous les ans, que l'on fait de précieux cachemires, aussi les peigne-t-on pour l'obtenir.

C'est au fameux manufacturier Ternaux, que l'on doit, en France, l'introduction de cet animal, vers 1820.

Toutes les espèces de chèvres aiment la montagne où elles broutent les plantes qui leur conviennent et qu'elles savent très bien choisir. La chair n'en n'est pas goûtée; mais le lait est très bon et abondant. Il faut une vigilance très grande pour que ces animaux ne détruisent pas les récoltes; car ils passent partout; sans chiens il serait impossible de les garder, ce qui ne peut se faire avec des hommes. Le chevreau est très bon à manger.

Dans le nord existe un animal qui ressemble à la chèvre; les lapons et les esquimeaux s'en servent dans leurs voyages en traîneaux; c'est le renne qui, dit-on, est très goûté, donne du lait en abondance, et, avec une certaine race de chiens, ce sont les seuls compagnons de l'homme dans ces affreux climats.

Chiens

Il y a une si grande quantité de races de chiens, que chaque peuple en connaît une demi-douzaine. Généralement ils se divisent en deux races principales : les chiens de chasse et les chiens de garde. Parmi les chiens de chasse, on distingue le levrier léger, sans nez, le chien courant et le chien couchant; chacun a son instinct particulier et sert pour une chasse à part.

Quant aux chiens de garde, ils ne savent que défendre leur maître et mordre. Les chiens de bergers sont d'une autre race, on prétend que c'est le chien primitif : il aboie peu, ressemble au chien de Terre-Neuve, et est d'une très grande intelligence. Au Brésil, les races de chasses préférables sont les chiens courants à gros poil de France, surtout quand ils sont croisés avec les lévriers ; car au Brésil il faut des chiens qui aillent vite.

En général, la couleur blanche ne vaut rien, parce qu'elle est facilement aperçue des tigres et des sangliers qui en font une affreuse destruction. Les terre-neuve ne se gardent pas non plus à cause des serpents.

Porcs.

Les voyageurs ont rencontré des porcs dans tous les climats et tous les pays, depuis les porcs blancs à longues oreilles, de Normandie, qui pèsent jusqu'à 250 kilogrammes, jusqu'au petit porc fauve ou noir à oreilles droites de la Chine et de l'Australie.

Au Brésil, il y en a de cinq à six espèces, ou variétés sauvages, très distinctes les unes des autres et qui s'apprivoisent assez facilement ; mais ils sont méchants et détruisent toutes les volailles. Ils vont, en général, par bandes, qui chacune a son guide; et quand on peut tuer ce guide qui est toujours une vieille femelle, le troupeau ne sait plus où aller, et l'on en fait une grande destruction. Chaque femelle fait deux petits, mâle et femelle qui s'accouplent entr'eux.

De tous les animaux domestiques, le porc est sans doute le plus robuste, il vit partout pourvu qu'il soit en liberté; on l'engraisse en le châtrant et en le bourrant de nour iture, qui facilite sa gourmandise. La meilleure graisse est celle qui provient du maïs.

En général, le porc mange tous les tubercules ou racines, cependant pour le manioc, on ne peut lui en donner que du doux ou demi-doux, celui qui est *bravo* ou vénéneux le tue quand il en mange trop; les tiges et régimes de bananes l'engraissent ainsi que les patates et les cannes à sucre; il ne refuse rien: il faut au moins une pipe de maïs pour l'engraisser. On doit le mettre tous les soirs au toît à cochons, sans cela il va de nuit ravager les champs.

Cet animal est sujet à la lèpre; quand il en est atteint il est préférable de le tuer et d'en brûler le corps, autrement il y a du risque à en manger. C'est une des chairs les plus goûtées, mais elle ne se digère pas bien.

Lapins

Le lapin est un petit animal qui se trouve dans presque tous les pays ; ceux à long poil, d'Asie, appelés d'Angora, en Perse, en général, vivent à l'état domestique, mais ils se mélangent facilement avec les espèces sauvages. Il y en a de toutes les couleurs, qu'on nourrit très-bien au clapier, avec toutes les plantes potagères et racines à l'usage domestique ; mais les sauvages sont plus goûtés. Quand on forme un clapier, il faut avoir l'attention de bien carreler ou fermer tout autour, autrement les lapins creusent et se sauvent.

Ceux de garenne, d'Europe, diffèrent un peu de ceux sauvages répandus dans toute l'Amérique ; ceux-ci ressemblent davantage au lièvre d'Europe, dont ils ont le pelage.

Cochons d'Inde

Le cochon d'Inde est un petit animal sans queue, de la famille des rats ; comme le lapin, il se nourrit de fruits, de racines et d'herbes.

Au Brésil, il y en a beaucoup à l'état sauvage, de plusieurs couleurs, et connus sous le nom de Préas : c'est la pâture des furets et fouines.

L'Ante ou Tapir

L'ante, ou tapir, de l'Amérique méridionale, pourrait très bien s'apprivoiser ; les jeunes que l'on prend dans les bois se familiarisent en peu de temps, ils suivent leur maître comme un chien. Mais en général, ils dorment le jour et s'éveillent la nuit : c'est plutôt un animal du crépuscule que de la lumière ou de la nuit. Cet animal est très farouche ; quand on le chasse, il se précipite des plus hauts rochers et cherche alors les réservoirs d'eau dans les torrents ; quand on en tue et qu'ils sont ouverts immédiatement, avant que le sang ait eu le temps de se cailler, il brûle la main comme le ferait l'eau bouillante ; sa viande étant très chargée, il faut, pour en manger sans danger, la laisser séjourner vingt-quatre heures dans l'eau courante, autrement les humeurs de l'intérieur du corps poussent à la peau. La peau de cet animal a l'épaisseur du petit doigt, est d'une force prodigieuse ; quand on le chasse, et qu'il se trouve entouré, il pousse des cris plaintifs, mais quelquefois il s'élance sur les chasseurs.

Il y en a de trois variétés, de blanches ou grises, de couleur châtain, de la même grandeur appelées Monbiras, et de petites, presque noires, appelées Cambouciças, qui ne se font chasser que sur les crêtes.

OISEAUX DOMESTIQUES

Je pense qu'il est inutile de faire un article de chaque espèce de volaille, tout le monde connaît les poules, les pintades ou poules d'Afrique, les dindons, les oies, les canards, les canards d'Inde, dont on connaît plusieurs variétés, les paons et enfin les pigeons qui rapportent beaucoup, mais aussi mangent à faire trembler.

En général, les espèces qui produisent le plus sont les poules; quant aux dindons ils ne viennent que dans les plaines où il y a beaucoup de sauterelles; on les nourrit très bien avec du fenouil et des ciboulets hachés et mélangés avec du lait; plus forts, ils aiment beaucoup le riz cuit. Mais c'est un travail de les réunir chaque soir, quand il pleut surtout : cet oiseau est un appât que les voleurs ne manquent pas.

JACOUS OU FAISANS DU BRÉSIL

Il y a au Brésil plusieurs espèces de faisans qui s'apprivoisent très facilement. J'en ai eu bien des fois à la maison ; ils n'ont que le défaut d'aller casser les œufs des poules qui couvent. On en distingue des noirs appelés jacous-gouassous, et le jacoutinga qui ressemble au faisan argenté d'Europe. Tous fuient dans les bois à la première occasion.

ABEILLES

Au Brésil, surtout dans l'intérieur, il y a une très-grande quantité d'espèces d'abeilles et quoique beaucoup donnent de très-bon miel, elles ne donnent que de mauvaise cire, qui n'est pas comparable à celle que donnent en Europe et en Afrique les abeilles domestiques.

De l'espèce d'Europe et d'Afrique, il y a deux variétés, des petites et des grandes qui ont les mêmes mœurs et se soignent de la même manière. C'est après l'homme un des animaux qui a le plus d'intelligence ; cet insecte n'a été introduit au Brésil que vers 1820, et je puis dire que je suis un des premiers importeurs. Maintenant elles sont très-répandues dans la Sierraa--cima; il ne reste plus qu'à savoir les traiter d'après les bonnes méthodes.

On appelle ruche, une réunion d'abeilles ayant une mère, des mâles et des mulets; on appelle aussi ruche le vase qui les contient.

L'abeille mère ou reine est un peu plus grosse que les abeilles mulets et aussi longue que les mâles, mais moins épaisse de corps; elle a les jambes rougeâtres avec une espèce de croissant jaune sur la tête; elle a les ailes courtes, et quoique ayant les jambes plus droites, elle marche plus lentement que les autres; elle ne sort de la ruche que pour s'accoupler dans l'air, alors elle ne sort qu'avec les mâles, tout le reste de l'essaim demeure dans la ruche. Quand elle veut s'en aller, elle est facile à reconnaître tant à cause de sa couleur plus rousse que parce que les autres abeilles lui font place; il est facile de la prendre, et quoiqu'elle ait un vigoureux aiguillon, elle ne s'en sert que contre les autres mères lorsqu'elles combattent à qui restera l'empire.

Les abeilles mâles sont plus grosses et longues que les abeilles mulets, elles sont aussi plus noires, en outre, la trompe plus courte et n'ont pas d'aiguillons, de plus elles n'ont pas de cellules aux pattes.

Quant aux abeilles mulets, elles sont petites et effilées, ont un vigoureux aiguillon et ont des cellules aux pattes qu'elles chargent des étamines des fleurs ou autres produits qui leur sont nécessaires.

Elles se divisent en deux sections, dont l'une va butiner sur les fleurs et les feuilles des plantes et l'autre reste dans la ruche, tant pour décharger les voyageuses que pour confectionner le miel et la cire.

Toutes ne sont ni mâles ni femelles et la nature ne les a organisées que pour le travail et la défense de la ruche, elles reconnaissent d'ailleurs très-bien les personnes qui les soignent et ne les dardent pas.

Ordinairement, dans chaque ruche, il y a de seize à dix-huit mille mulets et quelques centaines de mâles. Aussitôt que la mère a été fécondée, les mâles qui par cet acte, perdent leurs parties génitales, sont aussitôt sacrifiés par les mulets qui n'en laissent échapper que quelques-uns encore vierges, que protége la mère qui les cache dans son palais.

Chaque ruche intérieure est divisée en trois étages : la partie supérieure ou magasin de réserve est remplie de cellules ne contenant que de la cire et du miel ; la partie milieu n'a que des cellules plus ou moins grandes pour la mère ou reine et pour les mâles qui avoisinent le palais de la reine, et enfin les petites cellules où la mère va déposer ses œufs et où les mulets vont nourrir les jeunes après leur naissance; c'est aussi le dépôt de la pâte qui sert à les nourrir; enfin le dernier étage qui sert à loger les abeilles mulets est le magasin journalier.

D'après cela, on voit qu'il faut diviser la ruche en trois étages ou trois petites caisses de 33 centimètres de large et environ 20 cent. de hauteur ne communiquant entre elles que par un trou d'environ 5 centimètres d'ouverture. Quand on veut tirer le miel ou la cire, on ôte la caisse supérieure, on bouche le trou intermédiaire et, soulevant les deux petites inférieures, on met dessous une caisse vide ayant communication avec les caisses supérieures, puis on bouche hermétiquement avec de la terre franche mélangée de bouse de vache, en ayant la précaution de ne laisser sur l'aire, qu'un trou de cinq centimètres de large sur 6 millim. d'élévation afin de donner passage aux abeilles qui entrent et qui sortent.

De cette manière, on n'enlève que le miel et la cire qui se trouvent dans la caisse supérieure sans enlever le couvain ni le palais de la reine, ce que l'on faisait avec l'ancienne méthode, en détruisant tous les petits et on décourageait l'essaim, tandis que par ce moyen, il ne s'aperçoit pas du vol, et travaille avec ardeur pour remplacer la perte qu'il a essuyée, et le rend de plus perpétuel ; par ce moyen on ne court aucun risque d'être piqué.

En Europe, on a besoin de leur donner à manger l'hiver, mais au Brésil, c'est inutile, il ne faut que les garantir des mites et des fourmis coureuses ; à cet effet, il est urgent de mettre sous les pieds de la table où sont les ruches de petites gamelles remplies d'eau ; quant aux oiseaux gobe-mouches qui les persécutent, on en a facilement raison avec le fusil et le plomb cendré. Elles doivent être à couvert sous un hangar et à l'abri du vent, regardant le soleil levant.

Quand le soir elles font une grande rumeur dans la ruche et que les mères chantent, qu'elles forment une boule au-dessous de la table, c'est une preuve qu'elles veulent partir avec un essaim nouveau. Il faut les surveiller le lendemain au matin, car de dix heures à midi a lieu l'heure du départ.

Les personnes qui les veillent doivent être munies de bassines en cuivre et de chaudrons, de traquenards, etc. ; on jette de l'eau pour imiter la pluie et l'on se met à faire le plus de bruit possible, aussitôt que la reine est partie, afin que les abeilles n'entendent pas le son de la reine, laquelle effrayée va se poser sur un arbre voisin, alors on cesse le bruit, tout l'essaim se réunit et l'on y porte une ruche vide, que l'on a préparée et avec laquelle on couvre l'essaim ; ou même on coupe la branche où l'essaim est réuni, puis on la met sous la caisse recouverte d'un grand linge blanc, puis le soir, on met en place sous le hangar préparé. Il est préférable de mettre le jeune essaim éloigné des vieilles ruches. Dans chaque caisse, il doit y avoir des branches en croix pour soutenir les rayons.

SAISONS

Les personnes qui viennent d'Europe demeurer sous les tropiques, voyant une température presque toujours égale, se figurent que l'on peut semer et planter toute l'année, c'est une très-grande erreur ; sous les tropiques les saisons sont aussi régulières que sous les zones tempérées ou glaciales la seule différence qui existe est le plus ou le moins de chaleur. En France, par exemple, il y a deux époques où la végétation se manifeste : au printemps et à l'automne, les céréales qui fleurissent au printemps mûrissent en été, tandis que la majeure partie des fruits mûrissent en automne, l'hiver est un état de mort.

Sous les tropiques, il n'y a pour ainsi dire

pas d'hiver ni d'été; ils se partagent entre le printemps et l'automne, mais la végétation est toujours au printemps et à l'automne, avec la différence que quand c'est le printemps dans l'hémisphère nord, c'est l'automne dans l'hémisphère sud et réciproquement.

Sous les tropiques, on peut dire qu'il y a chaque année deux printemps et deux automnes aux deux époques ou le soleil traverse la ligne équinoxiale, ce sont aussi les époques où l'on doit semer ou planter. Mais il y a des plantes qui demandent une excessive chaleur, par exemple, la canne à sucre et le manioc qui ne mûrissent qu'au bout de dix-huit mois et deux ans, et conséquemment demandent deux printemps et un automne, ou bien un printemps et deux automnes. Il en existe d'autres, comme les haricots, le maïs, qui ne demandent qu'un printemps et un automne qu'il faut savoir choisir à propos ; c'est du reste le talent du cultivateur.

Pour cet effet, je vais donner par mois les travaux qui doivent se succéder les uns aux autres, et pour chaque plante.

On peut considérer en agriculture sous l'hémisphère sud que le printemps commence au 1er juillet, l'été au 1er octobre, l'automne au 1er janvier et l'hiver au 1er avril. Mais cette division est sous le tropique sud, et à mesure qu'on s'approche de la ligne équinoxiale, cela change.

Cependant les semis et plantations suivent cette division.

Juillet

Dans ce mois on doit déjà avoir tous ses abattis prêts, avoir fini sa récolte de café et commencer sa roulaison de sucre; c'est l'époque des plus grands travaux du printemps, et j'observerai qu'il existe une foule de plantes qui ne peuvent pas entrer en concurrence, et qu'on est dans la nécessité d'opter à la culture, autrement on perdrait les unes ou les autres, c'est ce qui arrive, par exemple, pour les cannes à sucre qu'il faut moudre précisément à l'époque où l'on doit planter les vivres. Les cannes et les caféiers ne peuvent pas non plus se cultiver ensemble, il faut opter. Je vais donner la meilleure époque pour traiter chaque plante, après cela le cultivateur traitera la plante qui lui conviendra le mieux, soit de vivres, soit de spéculation ; et en outre d'après la qualité ou disposition du terrain, soit de plaine sèche ou humide, soit de montagne.

Les travaux de l'année précédente doivent se terminer, surtout les abattis de bois vierge et arbres de charpentes, dont une partie déjà entre en sève, on doit commencer à brûler au fur et à mesure que les abattis atteignent le degré de sécheresse convenable, et planter aussitôt en caféiers, poivriers, cannelliers, théiers, girofliers, etc.; manioc, maïs, haricots nains, etc.

Les sucriers doivent réunir les bois de chauffage dont ils ont besoin pour leurs chaudières et étuves, s'ils ne l'ont pas fait le mois précédent ce qui est toujours préférable pour commencer de bonne heure.

Les planteurs de coton continuent leurs récoltes, nettoient et sèvrent les arbres ainsi que le manioc prime, c'est aussi le meilleur temps de le planter dans les plaines sableuses et humides; on mélange avec du maïs, il faut alors planter et espacer au moins de deux mètres, ainsi que des haricots nains, tel que les rouges, (Cavallos).

Aussitôt que la récolte du café est terminée, il faut se mettre à nettoyer et tailler les arbres afin que ces opérations soient terminées avant la floraison, sans cela, elle ne retient pas, on doit réunir les herbes au pied des caféiers, de même que pour les poivriers, cannelliers, cacaotiers etc., et autres arbres semblables que cette opération empêche de jaunir.

C'est aussi le temps de faire les clôtures, les

fossés et cours d'eau; ceux qui demeurent aux bords de la mer doivent achever de faire sécher leurs salaisons de poisson et préparer leurs filets pour le temps chaud.

Les brebis, les vaches, les truies, les juments et ânesses font leurs petits, il faut chaque jour surveiller et panser les petits de ces animaux, et bien nourrir les mères; il est bon aussi de les faire garder le jour et les enfermer la nuit. Il est urgent, pour les juments et ânesses, de les séparer des étalons, car ils tuent beaucoup de petits.

En général, tous les animaux de gros ou de menu bétail s'élèvent très-bien, parce qu'à cette époque, il y a moins de chauves-souris vampires et d'insectes qui les attaquent. Mais il y a toujours des poux de bois et tiecs de chiens dont il faut les délivrer.

Dans ce mois, on doit cesser de planter les légumes d'Europe, dont une grande partie ne réussit plus; il faut alors s'attacher aux légumes des Tropiques.

On peut encore garder les animaux dans les plaines basses et humides parce que dès que les pluies commencent, en septembre ou octobre, il faut les envoyer dans les montagnes.

On doit commencer à nourrir les volailles afin de les faire pondre les mois suivants, qui sont ceux où viennent mieux les petits, surtout ceux de dindons.

C'est le mois où le manioc rend davantage à la farine et à la fécule, et conséquemment rend plus à la vente, mais quand on ne cultive le manioc que pour la dépense, il est préférable de faire la farine au fur et à mesure qu'on en a besoin, la racine se conservant très bien en terre; quand on plante à cette époque il faut enfouir la bouture en terre.

Août

Dans ce mois, on doit cesser d'abattre les bois vierges ou de charpentes, à peine si l'on peut encore abattre les taillis en jachères pour planter dans les mois suivants les légumes de printemps.

Tous les travaux indiqués dans le mois précedent, se continuent dans celui-ci, les sucriers peuvent faire planter les œilletons des cannes qu'ils meuvent, surtout à la charrue. On peut aussi commencer quelques petites plantations de riz prime.

Les semis de haricots et de maïs se continuent ainsi que ceux de citrouilles, de patates liserons, de pommes de terre, de bananes, d'ignames, de carottes, etc., etc. On butte les choux dans les jardins et l'on entretient tous les légumes très-propres; on plante tous les arbres.

On continue de sarcler et tailler les caféiers, cannelliers, girofliers, cacaotiers, etc.; on continue de cueillir le coton, on le nettoie et on le sèvre; on peut dans les rangs y semer du maïs, des haricots. Il faut en outre s'empresser de planter toutes les vieilles terres qui doivent toujours être travaillées avant les terres neuves.

Comme ce mois est encore généralement sec, il faut promptement brûler les abattis de bois vierges et de jachères, et au fur et à mesure qu'on coupe les cannes, on doit mettre le feu dans la paille afin d'y planter des haricots ou du maïs nain à grande distance. Aussitôt que la sève monte dans les cannelliers, on doit se mettre à écorcer, et dans les jardins à écussonner; c'est le meilleur temps de semer l'indigo, le ricin et le coton; dans les lieux où il réussit mal, il est préférable de faire des pépinières afin de planter plus tard en place, tant en grand, que pour remplacer les pieds qui ont manqué. Cette méthode est très-bonne pour tous les arbres, quelles que soient les précautions que l'on prenne; car, quand on ne plante pas pendant la pluie, ou que l'on n'affaisse pas bien la terre au pied, il meurt toujours des arbres que l'on remplace avec les pépinières.

Il faut avoir pour les animaux et surtout pour les jeunes, les mêmes soins que dans le mois précédent et ne les lâcher au pâturage qu'après avoir fait la visite, sans cela ceux qui sont malades vont se cacher, et quand on les retrouve il n'y a plus de ressources; il serait même bon d'avoir un pâturage séparé, bien clos, pour les animaux malades.

On doit aussi continuer à bien nourrir les volailles, et quand on élève beaucoup de dindons, il faut mettre des enfants pour les garder et donner à manger aux petits. Comme les enfants n'aiment pas cela, il vaut mieux les faire veiller par de grandes personnes; il est préférable aussi de faire couver les femelles à la maison, pour garantir leurs œufs des chiens, des autres animaux et même des malfaiteurs.

Les cacaos commencent à mûrir, il faut les cueillir aussitôt qu'ils deviennent d'un jaune rougeâtre, les casser le soir, et les mettre de suite en terre à fermenter; et ceux qui sont déjà enterrés, les bien mélanger sur les glacis, et ensuite les mettre à l'étuve.

On peut dire que ce mois et le suivant sont l'époque des plus rudes travaux pour les cultivateurs, parce que tout ce qu'on plante réussit bien. Le manioc rend beaucoup de farine, mais je le répète, à moins qu'on ne veuille faire de la farine pour vendre ou en réunir pour n'avoir pas à s'en occuper pendant les récoltes ou les forts travaux; mais il est préférable de ne faire de la farine qu'au fur et à mesure, parce qu'on a toujours à la maison des femmes grosses, ou nourrices, ou des convalescents que l'on occupe à cela. Les moulins à eau sont précieux pour tous ces services, qui avancent singulièrement l'ouvrage; je recommande les presses et fourneaux. Quand on a une étuve, c'est encore une très-grande avance, parce qu'il est inutile de tant sécher sur le fourneau; mais on doit étendre la farine claire sur des étagères.

On doit faire garder les nouvelles plantations de maïs et de riz que les oiseaux détruisent beaucoup à cette époque, et veiller aussi les chenilles marandoubas qui dévorent le riz quand il est jeune.

Septembre

Ce mois est la continuation des travaux précédents : semis de haricots, maïs et toute espèce de vivres, écussonnage, faire les grandes plantations de manioc, de patates, etc. ; en général, toutes les plantations en grand.

On doit toujours avoir des soins pour le bétail, grand et petit, ainsi que les volailles. Si les moutons ne sont pas encore tondus, il faut le faire le plus promptement possible ; mettre sous toit à porcs, les vieilles truies, celles qui avortent ou mangent leurs petits ; c'est aussi le moment de châtrer les porcs, ne gardant qu'un ou deux des plus beaux mâles pour vérats, cette opération est excellente parce qu'ils engraissent plus vite, mais ils croissent moins, il faut pour cela qu'ils aient au moins un an. On ne peut guère tirer, de chaque truie, plus de deux ou trois portées, parce que bien que les vieilles truies élèvent mieux leurs petits, elles deviennent si malfaisantes qu'il est impossible de pouvoir les garder ; d'ailleurs à cet âge, elles engraissent très-bien. Les petites races sont meilleures pour l'usage de la maison parce qu'elles engraissent plus vite ; alors on réserve les grandes pour la vente.

Il faut avoir un soin particulier des poulains, veaux et agneaux, et leur visiter chaque jour la langue et le nombril.

Avant la fin du mois, il faut avoir achevé toutes les pépinières, tant en arbres qu'en boutures de patates douces. C'est le bon temps pour les semis de riz, de maïs et de ricin, mais il faut faire garder les semis jusqu'à ce que les oiseaux ne puissent plus les arracher, surtout pour les étourneaux (vira-bostas), les tourterelles, écureils et rats.

On doit déjà attaquer les fourmis de jour et de nuit qui mangent les plantes.

Octobre

Dans ce mois, il faut cesser les semis, à l'exception du riz dont on ne veut faire qu'une seule récolte, qui charge toujours en abondance, parce qu'elle vient à mûrir après les pluies de la fin de l'année. Généralement cette plante doit se semer successivement parce que les pluies et les vents en font perdre beaucoup, ce que l'on peut éviter en plantant à plusieurs reprises.

C'est le temps des binages en grand, il faut faire veiller comme dans les mois précédents, les plantations du maïs et du riz que les oiseaux arrachent beaucoup, on a encore une ressource dans les traquenards, et même dans les fusils, cela devient un amusement pour les enfants. qui aiment à faire du bruit.

Chaque soir, quelques travailleurs doivent apporter à la maison les fannes des plantes arrachées ou des pieds de bananes cueillies, tant pour les vaches que pour les porcs.

Ceux qui ont de grands troupeaux doivent

les envoyer dans les montagnes, car dans ce mois arrivent les chaleurs qui sont suivies des mouches, le fléau du bétail.

Les fourmis commencent à faire leurs ravages et il faut les détruire aussitôt qu'on les découvre, soit en les brûlant, soit avec des soufflets qui leur envoient des vapeurs de soufre. Quand on ne peut les découvrir, c'est qu'elles mangent la nuit, il faut alors mettre dans les lieux qu'elles dépouillent, de distance en distanee, soit de petits tas de branches de manioc, soit de farine, alors le lendemain, on suit la trace qu'elles laissent après elles. Il est quelquefois très-difficile de les tuer parce qu'elles mettent leurs essaims sous de grandes pierres où l'on ne peut parvenir qu'au moyen des soufflets à soufre.

Novembre

Au commencement de ce mois, on peut encore semer du riz, mais on doit cesser tous les autres semis ou plantations, car les chaleurs sont déjà très-fortes et les pluies commencent; de sorte que le manioc même qu'on plante presque toute l'année ne vient déjà pas très-bien, à moins que ce ne soit sur des terres vierges ou dans la montagne. On doit aussi, à cette époque, enterrer totalement la bouture, sans cela il en meurt beaucoup.

Dans ce mois, on doit se borner aux binages en grand des plantes légumineuses, nettoyer les jeunes cannes et les caféiers et autres plantes semblables ; il ne faut qu'entretenir les plantes de jardinage, les choux même ne donnent plus de pommes, mais il faut s'attacher aux melons qui doivent être taillés journellement et si l'on ne les suspend pas, pour le moins, mettre dessous de grosses écorces ou des bouts de planches et couvrir les fruits avec les traces des pieds pour préserver des rayons solaires ; en général, ils réussissent mieux semés dans les tas d'herbes brûlées.

Aussitôt que les pluies commencent, c'est le temps de faire tous les remuements de terres dans les chemins, glacis ou maisons neuves près de l'habitation, et éviter que les travailleurs n'attrapent de la pluie qui les fait immédiatement tomber malades ; en général, c'est le temps de commencer tous les ouvrages de la maison.

A la fin du mois, on commence à récolter les haricots primes, arachis, maïs nains et ne pas attendre qu'ils soient tous bien mûrs. Quand la pluie empêche de faire sécher les plantes sur le glacis, il faut, au moins, en retirer les feuilles pour empêcher les grains de germer ; ce sont en général des récoltes sur lesquelles on ne peut guère compter, mais si peu qu'elles donnent, à cette époque où les vivres sont rares, elles sont toujours bien venues. Il faut redoubler de vigilance pour les jeunes animaux.

C'est le temps où les thés sont en pleine sève et conséquemment de confectionner les feuilles.

Dans les terres humides où les herbes poussent avec trop de vigueur, il est peut-être préférable de nettoyer à la serpe ou manchette au lieu de nettoyer à la houe, parce que lorsqu'il vient de grandes avalasses, elles charrient les terres nouvellement remuées et emportent la terre végétale, ce qui est irréparable malgré la précaution prise de réunir les herbes au pied des arbres. Il ne faut aussi réunir les herbes au pied des arbres que quelques jours après qu'elles ont été coupées ou arrachées afin d'éviter la fermentation qui pourrait nuire aux arbres.

C'est aussi le bon temps de cueillir les feuilles des mûriers pour nourrir les vers à soie.

A cette époque les poivres tardifs commencent à mûrir. Il ne faut pas trop donner de maïs nouveau aux volailles, ce qui leur donne la peste ; mais bien leur donner du riz de l'année précédente que l'on garde à cet effet.

C'est le temps où les sucriers finissent leur

roulaisons et doivent s'appliquer à bien faire sécher leurs sucres dans les étuves, puis à les mettre dans des caisses, lesquelles doivent être petites, car les grandes donnent un grand travail à remuer. Ils doivent aussi achever leurs eaux-de-vie et liqueurs.

Les cotonniers doivent profiter du temps des pluies pour grager leurs cotons et avoir la précaution de ne pas laisser de graines non gragées ou autrement, car il n'est rien qui discrédite plus un planteur que la fraude qui se trouve dans les balles. Chaque cotonnier devrait avoir une forte presse, afin de bien serrer les balles, tant parce que l'humidité y pénètre moins que parce qu'elles tiennent moins de place ; d'ailleurs, ces balles ne doivent pas dépasser la demi charge d'un mulet (de 45 à 60 kil.), à moins qu'on n'emploie des chars, alors les balles peuvent peser le double.

Il faut tenir les porcs au toit, le plus proprement possible, et les bourrer de nourriture avec du maïs et des citrouilles pour les engraisser.

A cette époque, commence à mûrir le riz prime qu'il faut garantir des oiseaux suceurs et picholhos, espèces de moineaux verts qui descendent des montagnes lorsque les bambous entrent en fleur et font d'affreux ravages. On les effraie avec des traquenards et coups de fusils ; mais ils ne s'effraient pas beaucoup du bruit, surtout les années où ils sont par nuées. Les enfants en prennent beaucoup avec des cages à bascules.

Décembre

Dès ce mois, on peut commencer à planter des cannes à sucre, à la charrue ; soit avec des œilletons de la roulaison, soit avec des cannes entières gardées à cet effet. Continuer les remuements de terres et partout où l'on emploie des nègres, les faire surveiller de près, autrement ces noirs, pour la plupart stupides ou méchants se tuent eux et leurs camarades.

On peut aussi faire des abattis de bois vierges, afin de pouvoir sécher avec les chaleurs de Janvier, mais on ne doit abattre que les bois blancs sans valeur et laisser en pied les bois d'œuvres qui seraient perdus s'ils étaient abattus à cette époque où il y a une immense quantité d'insectes qui se précipitent sur les arbres abattus aussitôt qu'ils commencent à aigrir.

Dans ce mois, on récolte les haricots, les maïs primes et autres plantes semblables qui mûrissent ; on peut aussi faire manger du maïs vert bien cuit.

Il faut continuer à écorcer les cannelliers, confectionner le thé, cueillir les feuilles de mûriers blancs. On doit déjà commencer à nettoyer à la houe à cheval les cannes où il n'y a pas de haricots, ni maïs et qui ont été plantées à la charrue en lignes. En outre, entretenir toutes les plantes le plus proprement possible, elles croissent mieux.

Il faut encore réunir les herbes aux pieds des arbres que l'on nettoie, et tailler toutes les plantes, comme le tabac, le cotonnier, le palma Christi, etc. ; et faire surveiller les riz qui mûrissent.

Il faut aussi avoir la précaution de bien enfermer les animaux dans les cours, autrement ils sortent la nuit pour dévaster les récoltes.

Janvier

Le mois de janvier est l'époque des plus grandes chaleurs de l'année sous le tropique sud ; on ne peut plus planter que des cannes à sucre. Dans ce mois, on plante à fleur de terre ne craignant pas la sécheresse, et l'on doit finir les plantations de manioc.

Aux bords de la mer, il faut continuer à récolter les haricots, riz et maïs au fur et à mesure qu'ils mûrissent de les préserver des nuées de perruches qui les dévastent. Dans l'intérieur, cette précaution est inutile; même en beaucoup d'endroits elle est préjudiciable, parce que le maïs cueilli à ce moment n'est pas encore bien mûr et ne se conserve pas longtemps, ce qui force à ne cueillir que plus tard ne serait-ce que pour le plan.

Les sucriers doivent dans ce mois faire leur brûlis pour planter en février et mars qui sont les meilleurs mois pour les plantations de cannes et de haricots qui viennent à mûrir dans le temps sec et se gardent très-bien.

Quant aux autres plantes, elles ne demandent qu'à être entretenues propres. Le temps est excellent pour les personnes qui ont des récoltes à préparer pour le marché tels que le café qui sèche bien sur les glacis, mais il faut craindre les orages.

Dans ce mois, il n'y a pas un jour à perdre pour la surveillance des animaux que les insectes martyrisent cruellement; la majeure partie des jeunes animaux qui naissent dans ce mois périssent des vers, extérieurs ou intérieurs, des attaques des foies ou des coups de soleil.

Il faut aussi prendre des précautions pour se préserver des morsures de serpents; le contre-maître doit toujours être muni d'une petite fiole d'alcali volatil et d'une petite lime bien pointue chauffée au rouge pour l'enfoncer dans les coups de dents, panser ensuite avec l'alcali.

Enfin continuer de veiller les riz qui mûrissent et garantir le maïs des perruches.

Février

Dans ce mois, les chaleurs commencent à diminuer, les rosées et les pluies favorisent les plantations et les semis des plantes légumineuses d'Europe, tels que choux, navets, etc.

On continue les travaux du mois précédent, cueillettes de riz, abattis des jachères pour planter encore des cannes à sucre, des haricots et même du maïs nain tardif, il faut nettoyer et dépailler les cannes à sucre.

Il faut nettoyer et couper le bout des branches des cotonniers, remplacer les pieds morts en arrachant les jeunes plants dans les touffes trop épaisses où l'on ne doit laisser que deux ou trois pieds, à défaut on arrache dans les pépinières.

Dans les expositions chaudes, les jeunes caféiers commencent à mûrir, c'est conséquemment le temps de les tenir bien propre afin de donner de la vigueur aux arbres et rendre le fruit bien nourri; il faut encore réunir les herbes aux pieds afin de ne pas perdre les grains de café qui tombent à terre.

Ce mois et le suivant sont très-bons pour planter les haricots du temps sec et de réserve; mais les planteurs de café ne peuvent presque pas s'en occuper étant tout à leurs caféiers.

Il faut veiller à ce que chaque travailleur apporte le soir sa charge de bois à brûler pour pouvoir faire sa réserve de farine de manioc pendant la récolte du café.

Continuer de surveiller le bétail.

Les cougourdes et calebasses commencent à mûrir, elles ne doivent être récoltées que, quand grattant la peau avec l'ongle, le dessous est d'un jaune roussâtre, et que les traces de la plante sont déjà sèches.

C'est le meilleur temps pour commencer les semis des plantes de jardinage d'Europe qui ne viennent que dans les temps secs, qui est le temps froid du Brésil.

Mars

Dans ce mois on continue les travaux du mois précédent, tels que plantations de cannes et de haricots, arachides, réunions de bois de chauffage, sarclages, et confection de farine de manioc. Dans beaucoup d'endroits commence la cueillette du café pour fabriquer du café gragé (au Brésil lavé), c'est aussi dans ce mois, qu'on achève les plantations de caféiers, girofliers, cannelliers, muscadiers, etc.

L'on doit terminer les semis de choux-fleurs et les autres semences d'Europe. On doit commencer à charrier le fumier dans les jardins, et quand on plante dans les parcs des bestiaux, il faut bien les enclore et même entourer de murs, ou pour le moins de fossés, pour les préserver des porcs et même des vaches.

Avril

Le mois d'avril est ingrat pour toutes les plantations, il faut se contenter de sarcler, biner, butter toutes les plantes. Il n'y a peut-être que dans les jardins où l'on cultive les légumes d'Europe que l'on plante le plant qui a été semé en pépinière dans les mois précédents.

Dans la grande culture, il n'y a que les haricots qu'il faille butter, les planteurs de café doivent tout abandonner pour faire la cueillette du café gragé, car il y a beaucoup d'endroits où le café mûrit tout à la fois, et alors on ne peut grager que jusqu'à la moitié de la récolte, le reste ne pouvant être que fabriqué en café ordinaire, qui ne se vend que la moitié ou les deux tiers du café gragé.

A cette époque a lieu la récolte du girofle et celle de l'insecte qui donne la cochenille.

On commence les abattis de bois vierges pour bruler en juillet et août.

Mai

Au mois de mai on ne fait plus aucune plantation sous le tropique sud, on ne s'occupe que de sarclage, binage et butage; les planteurs de caféiers sont dans la force de leur récolte en café gragé.

Il faut continuer les travaux de jardinage, semer du lin et même commencer les semis primes de citrouilles, melons d'eau, concombres, petits pois, etc.

C'est le meilleur moment pour faire les abattis des bois vierges, et surtout les bois de charpente, parce qu'à cette époque les arbres sont sans sève, qu'en conséquence il n'y a pas de fermentation, et qu'il n'y a pas d'insectes qui les attaquent. C'est aussi le temps propice pour faire la potasse et le charbon ordinaire; car le charbon en vase clos pour tirer du vinaigre de bois doit être fait dans le temps chaud, époque où la sève entre promptement en fermen-

tation, ce qui donne plus de vinaigre. Quand on veut faire du sucre de la sève, c'est tout le contraire, à moins qu'on abatte un jour pour distiller le jour suivant.

Les cultivateurs de coton doivent entretenir les arbres propres, afin de faire nouer les fleurs, sans cela elles coulent et l'on n'a pas de fruits, et par suite pas de coton.

Les planteurs de cannes doivent aussi entretenir propre, surtout ceux qui plantent à la charrue et nettoient à la houe à cheval. Ils doivent de plus dépailler avec soin, ce qui rend les cannes plus douces, et chasse les insectes qui les détruisent; il est bien vrai que cela rend les cannes plus fermes, mais cela ne nuit qu'aux cylindres en bois qu'on doit abondonner parce qu'ils ne pressent pas assez les bagasses qui alors ne peuvent pas servir aux fourneaux, et donnent une perte considérable en jus et en main-d'œuvre.

Juin

Le mois de juin est l'époque des froids sous le tropique sud, aussi c'est le temps des récoltes du café, des haricots, maïs et farine de manioc.

Ce mois est favorable pour abattre les bois vierges et surtout de charpente pour faire la po-

tasse et le charbon. Dans beaucoup d'endroits on cesse de faire du café lavé, et dans la Serra-à-Cima on commence à récolter; car au Brésil les récoltes se font suivant la latitude et même avec une différence de un, deux et trois mois des bords de la mer avec l'intérieur du pays, qui est à l'abri des vents de mer, et surtout avec une bien plus grande hauteur de terrain, ce qui fait qu'aux bords de la mer, la presque totalité des plantes d'Europe ne viennent pas ou fort mal; tandis qu'à la même latitude, dans l'intérieur du pays, elles viennent comme dans leur pays natal.

C'est le fort des travaux de jardinage, il faut butter les choux-fleurs et pommés d'Allemagne, de France et de Milan; on transplante les oignons dans la montagne, afin de planter prime au mois suivant.

Les sucriers qui ont des cannes à sucre nouvelles, doivent déjà se préparer à rouler le mois suivant.

Dans ce mois, il est trop tard pour semer ou planter, et trop prime pour le faire pour l'année suivante; il faut se contenter de continuer ses travaux de nettoyage et de récoltes de cafés.

On ne peut pas choisir un meilleur temps pour équarrir et scier les bois d'œuvres, parce qu'ils ne se tourmentent pas.

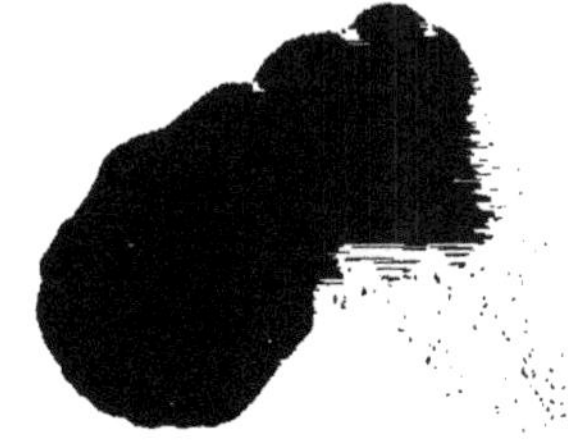

On doit aussi faire tous les ouvrages de maçonnerie et d'exploitation de bois.

Dans ce mois, les animaux n'ont pas besoin d'une survellance si active, attendu qu'il n'y a pas d'insectes, et qu'ils n'ont qu'à se préserver des tigres et des malfaiteurs.

OBSERVATIONS

Je rappelle toujours que les époques que je viens de donner ne servent que pour le voisinage du tropique sud, à mesure que l'on s'avance vers le sud on vers la ligne équinoxiale, les époques de semer ou de planter changent ; et à l'égard du tropique nord c'est tout le contraire ; c'est-à-dire que ce qui est dit pour le mois de juillet au sud correspond au mois de janvier pour le nord. Ainsi, chacun fera la correction suivant le lieu où il se trouvera. Quant à la ligne équinoxiale, les deux hivers sont quand le soleil se trouve aux deux tropiques, et les deux étés quand le soleil lui est perpendiculaire ; cependans il y a une certaine différence parce que l'hémisphère nord est plus chaud que l'hémisphère sud sous la même latitude.

FIN

TABLE DES MATIÈRES

ARTICLE VII

ARTICLE VIII

ARTICLE IX

ARTICLE X

ARTICLE XI

Machines

ARTICLE XII

CHAPITRE IV

Culture spéciale des plantes sous les Tropiques

ARTICLE PREMIER

ARTICLE II

Arbres fruitiers qui servent à la nourriture des hommes et des animaux

ARTICLE III.

Plantes propres aux manufactures et aux arts.

Arbres propres aux manufactures et aux arts.

ARTICLE IV.

Arbres forestiers.

Arbres de première qualité.

Arbres de deuxième qualité.

ARTICLE V.

Fourrages pour le bétail.

CHAPITRE V.

Animaux attachés à la civilisation de l'homme

Menu bétail

SAISONS.

Travaux à faire dans chaque mois

FIN DE LA TABLE

JOURNAL D'AGRICULTURE PROGRESSIVE

INDICATEUR GÉNÉRAL

DES PROGRÈS AGRICOLES

Publié sous la Direction de MM.

Ed. VIANNE, Ingénieur agricole et Directeur de la Ferme-Modèle de la Vacherie, ET **J. GRANDVOINNET,** Professeur de Génie rural à l'École Impériale de Grignon.

Avec la Collaboration d'un grand nombre d'Agriculteurs.

Il paraît trois fois par mois un numéro contenant des articles pratiques sur la Culture, les Constructions rurales, le Drainage, les Irrigations, les Engrais et Amendements, la Chimie agricole, l'Économie rurale et forestière, l'Éducation des Animaux, etc.; une Chronique relatant les principaux Faits agricoles, Publications françaises et étrangères, les Actes officiels, etc.; l'Indication des principaux travaux agricoles et horticoles qui doivent être exécutés dans le mois qui suit l'apparition du numéro; une Correspondance répondant à toutes les demandes ou observations d'intérêt général.

Chaque numéro est terminé par une Revue commerciale, et contient, outre des figures placées dans le texte, des planches gravées sur acier.

Le Journal forme par an deux beaux et forts volumes ornés d'un grand nombre de planches gravées.

Prix de l'Abonnement, 15 fr.

ON TROUVE

A LA NOUVELLE LIBRAIRIE AGRICOLE ET HORTICOLE

25, Quai des Grands-Augustins

Tous les Ouvrages d'Agriculture indistinctement, au plus bas prix des Catalogues; on se charge également de l'achat de toute espèce de livres vieux ou nouveaux.

VERSAILLES.—IMP. CERF, 59, RUE DU PLESSIS.

www.ingramcontent.com/pod-product-compliance
Ingram Content Group UK Ltd.
Pitfield, Milton Keynes, MK11 3LW, UK
UKHW020159250726
13967UKWH00003B/1152

9 782011 917881